陈泉心理学考研系列

心理学考研教材通
知识全解读

实验心理学

主编 陈泉 许冰

北京邮电大学出版社
www.buptpress.com

图书在版编目（CIP）数据

实验心理学 / 陈泉，许冰主编． -- 北京：北京邮电大学出版社，2025.7

（心理学考研教材通——知识全解读；5）

ISBN 978-7-5635-6977-9

Ⅰ．①实… Ⅱ．①陈… ②许… Ⅲ．①实验心理学 Ⅳ．① B841.4

中国国家版本馆 CIP 数据核字 (2023) 第 143829 号

| 策划编辑：彭怀洲 | 责任编辑：王小莹 | 责任校对：张会良 | 封面设计：海图博雅 |

出版发行：北京邮电大学出版社
社　　址：北京市海淀区西土城路 10 号
邮政编码：100876
发 行 部：电话：010-62282185　传真：010-62283578
E-mail：publish@bupt.edu.cn
经　　销：各地新华书店
印　　刷：保定市中画美凯印刷有限公司
开　　本：889mm×1 194mm　1/16
印　　张：68.25
字　　数：1895 千字
版　　次：2025 年 7 月第 1 版
印　　次：2025 年 7 月第 1 次印刷

ISBN 978-7-5635-6977-9　　　　　　　　　　　　　　　　　　　　　定价：228.00 元（共 7 册）

·如有印装质量问题，请与北京邮电大学出版社发行部联系·

学科介绍

实验心理学主要介绍实验研究的基本逻辑,以及心理学历史上的一些经典实验。实验心理学通过各种各样的实验变量、实验设计,帮助大家将生活中的许多因素建立关联,寻找它们的因果与相关关系。

实验心理学本身属于一种方法论学科,它试图教会大家如何运用心理学的研究方法去证明理论假设,而这些理论假设一旦被证实,又可能成为其他各个分支科目的理论成果。实验心理学科目能为普通心理学、社会心理学等学科的理论提供证据支撑,也可以说,心理学的任何一个分支学科都是靠具体的实验研究支撑起来的。

科目框架

实验心理学的主体内容可分为 5 个部分,如图 1 所示。

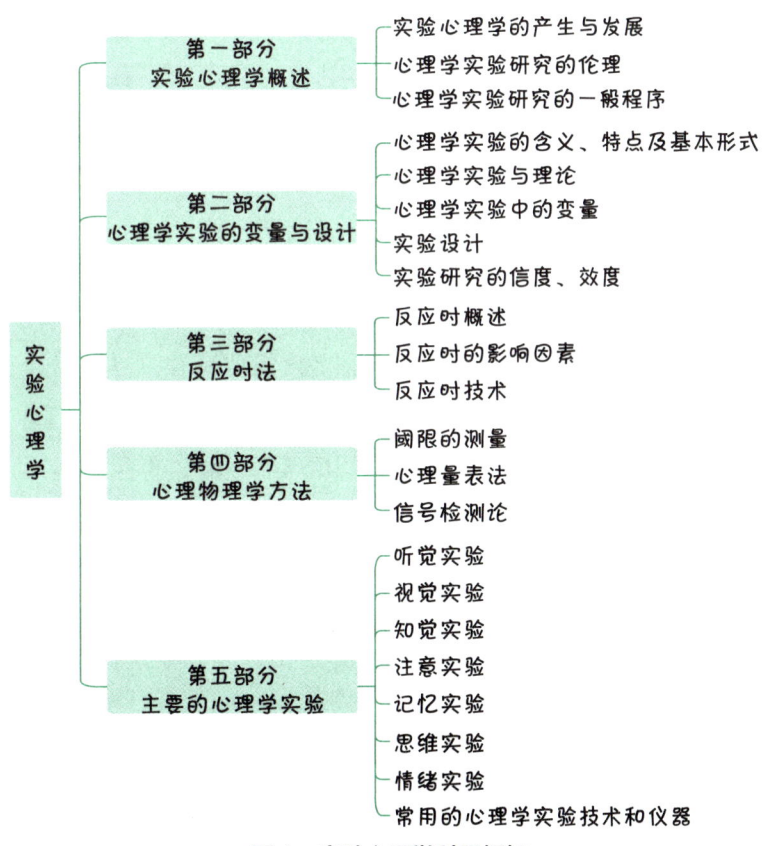

图 1　实验心理学科目框架

考查目标

1. 掌握心理学实验研究的基本原则与基本过程。
2. 掌握心理学实验研究的技术与方法。
3. 具备实验设计和撰写研究报告的能力。

考查特点

（一）选择题

考查要点： 基本概念（含义、区分）、实验设计（变量、设计类型、优缺点、被试量）、实验范式（含义、用途）、实验仪器（优缺点、用途）。

总体来说，实验心理学科目的客观题难度并不大。

考查基本概念，一般会在题干中给出某个概念的含义，要求在4个选项中进行简单再认。

考查实验设计，一般会在题干中给出部分信息，要求判断自变量、因变量或额外变量，或询问这个实验设计是被试间设计、被试内设计还是混合设计，有什么优缺点，需要多少被试参与。

考查实验范式，一般题干会给出某种实验范式的定义或用途，要求选择正确的范式。

考查实验仪器，一般题干会提到某种仪器的用途或特点，尤其是其优缺点，要求选择正确的仪器。

例题：

1. 与地球24小时的昼夜节律变化不同，神舟十三号航天员在太空中大约每90分钟就会经历一个节律变化，一项研究比较节律对地球和空间站的航天员睡眠效率的影响，则节律是（　　）。

A. 自变量　　　　B. 因变量　　　　C. 控制变量　　　　D. 无关变量

2. 已知一个2×3的混合实验设计，且其第一个因素为组间因素，若每组处理下需观测4个数据，则整个实验需要的被试数是（　　）。

A. 2　　　　B. 4　　　　C. 8　　　　D. 12

3. Stroop实验范式通常用来探测（　　）。

A. 深度知觉　　　　B. 注意控制　　　　C. 记忆规律　　　　D. 问题解决

（二）名词解释题

考查要点： 基础概念（变量类型、实验设计类型、信效度类型等）。

实验科目的名词解释题难度较小，主要考查考生对教材中基础概念的理解，如三大变量的含义，被试间设计、被试内设计、混合设计3种设计的含义，不同信度或效度的含义等。

例题：

1. 操作定义
2. 信度
3. 抵消平衡法

（三）简答题和论述题

考查要点： 主要分类、主要方法、优缺点、影响因素。

实验心理学科目的简答题主要考查考生对重点知识的掌握情况，如额外变量的控制方法、信效度的类型、影响因素和估计方法、不同实验设计的优缺点等。

例题：

1. 请简述效度的类型及其估计方法。

2. 简述心理学实验中常用的5种控制额外变量的方法。

3. 与单因素实验设计相比，多因素实验设计有哪些优缺点？

（四）实验设计题

考查要点： 对三大变量的操作定义和控制、实验设计的合理性、统计方法的适配性。

相较于前面几种基础题型，实验设计题的难度较大，灵活度也较高。题干可能是给出固定研究主题的全命题，也可能是只固定因素和实验设计类型，需要自己选择研究主题的半命题。特别是对于部分出题较为灵活的院校，可能会在实验设计题上不按常理出牌，比如问能不能设计一个实验去验证"情人眼里出西施"；或者问能不能设计一个实验，判断中文的"我爱你"和英文"I love you"在语言机制上是否存在差异。

例题：

人们发现，大脑两半球对情绪性信息的加工是不对称的，在脑功能指标上存在着偏侧化现象。有两个理论对此加以解释：半球优势假说认为，只有右半球负责对情绪的加工；效价假说认为，不同效价的情绪是由不同的大脑半球进行加工的，右半球主要加工消极情绪，左半球主要加工积极情绪。

①请设计一个混合实验检验这两种假说，并简要说明需控制哪些主要额外变量。

②什么样的实验结果支持半球优势假说？

③什么样的实验结果支持效价假说？

（五）实验分析题

考查要点： 对三大变量和实验设计类型的判断、实验操作和统计分析存在的问题分析、图表结果的分析。

与灵活程度较高的实验设计题不同，实验分析题一般是给一段某个研究的材料，问这个研究中的自变量、因变量、额外变量是什么，同时也可能问研究中的某些设置和操作是否存在问题，根据图表可以分析出哪些基本结果等。

例题：

有人认为听音乐有利于驾驶员保持专注并减少交通事故，有人认为听音乐会干扰驾驶员的注意力，并增加交通事故。同时，有人认为应该考虑驾驶员的类别（大客车驾驶员、货车驾驶员、轿车驾驶员）、驾龄（3年、5年、8年）以及所听音乐类型（摇滚音乐、轻音乐、民族音乐）等变量的影响。采用情景模拟实验进行研究，考查注意力的保持、交通事故数量的变化特点。

①该研究中的自变量有哪些？哪些可以设置为组间变量？哪些可以设置为组内变量？

②因变量是什么？具体的观测指标有哪些？

③额外变量有哪些？如何控制？

（一）梳理实验逻辑

实验心理学是一门偏向于理科性质的科目，它更看重实验的整体逻辑，所以在学习实验心理学的时候要注意理解每个实验背后的逻辑是什么。

第一遍阅读教材的时候就要注意梳理重点实验的逻辑，可从以下方面对自己进行提问：这个实验的目的是什么？自变量是什么？因变量是什么？可能存在的额外变量有哪些？研究者为了控制额外变量采用了哪些方法？还有哪些变量是没有控制到位的？实验是如何进行的？被试的任务是什么？数据用了什么统计分析方法？实验结果是什么？这个实验结果验证了假设吗？能说明什么问题？每当有一个实验环节还不清晰时，就应该停下来细究和挖掘，克服一知半解的心态，全方位掌握重点实验的各种细节问题。

如果在第一遍梳理过后，你感觉自己对某个实验的逻辑还是没能很流畅地掌握，此时可以尝试向你的朋友或同学讲述一遍这个实验，如果他们能够完全理解，并且他们所提的问题你都能回答出来，那就说明你已经真正掌握了该实验的逻辑。

（二）刷题巩固，查漏补缺

在看过一遍教材之后，一定要通过做题去掌握各种题型的答题思路和答题规范，在理解记忆的基础上合理运用知识。

要想设计出一个好的实验，灵感和创新固然是重要的，但是对于大多数考生来说，只要把实验设计的内容写完整，写得不出错，就已经能够超越相当多的竞争者了。提升实验设计能力最快的方法就是多看别人设计的实验，多看参考答案的答题框架，然后再多做练习，循环往复，把学习到的经验利用起来。

（三）结合其他学科学习

本质上，大家要明白实验心理学一定是跟理论类的科目结合到一起进行学习的，它不能单独成为一门课程。

首先是实验心理学和普通心理学两个科目的结合。实验心理学科目重在阐述心理学家获得理论成果的方法和过程，而普通心理学科目重在阐述心理学家通过实验研究所获得的理论成果。所以，两者的关系其实是先有实验研究再有理论成果，大家在复习时也可以结合具体的实验研究分析理论成果是如何得到验证的。

其次是实验心理学和心理与教育统计学两个科目的结合。每一种实验设计类型应该用哪种统计检验方法是要重点掌握的，尤其是 t 检验和方差分析部分以及自由度的计算公式，在实验设计题或分析题中都会有所考查。

（四）精读文献，提高专业素养

针对考查实验设计题或实验分析题的院校，我们应该适当从《心理学报》《心理科学》等期刊中选择一些文献进行精读。所谓精读，即在阅读过程中提取出实验假设、实验目的、三大变量、实验设计、统计分析方法、实验结果与结论等内容。

文献阅读重在质量，不在数量，不需要一味求多。哪怕是只读一篇，也要力求把这一篇文章的实验逻辑梳理清楚。读文献，就像小学生写作文需要摘抄一些好词、好句，重在积累，培养语感，这样大家慢慢就能设计出好的实验了。

目录

第一章 实验心理学概述

知识导读	001
知识地图	001
知识精讲	002

第一节 实验心理学的产生和发展 002
- 知识点1 实验心理学的孕育阶段 002
- 知识点2 实验心理学的建立阶段 003
- 知识点3 实验心理学的发展阶段 004

第二节 心理学实验研究的伦理 005
- 知识点1 一般伦理 005
- 知识点2 以动物为被试的研究伦理（3R原则） 005
- 知识点3 以人为被试的研究伦理 005
- 知识点4 实施欺瞒的规定 006

第三节 心理学实验研究的一般程序 006
- 知识点1 心理学实施研究的一般程序 007

第二章 心理学实验的变量与设计

知识导读	011
知识地图	011
知识精讲	012

第一节 心理学实验的含义、特点与基本形式 012
- 知识点1 心理学实验的含义和特点 012
- 知识点2 心理学实验的基本形式 012

第二节 心理学实验与理论 013
- 知识点1 实验范式 013

| 知识点 2 | 心理学实验的逻辑 | 013 |
| 知识点 3 | 实验与理论的关系 | 013 |

第三节　心理学实验中的变量 014

知识点 1	变量的含义	014
知识点 2	自变量及其操纵	014
知识点 3	因变量及其观测	015
知识点 4	额外变量及其控制	016

第四节　实验设计 019

知识点 1	实验设计概述	019
知识点 2	被试间设计、被试内设计和混合设计	021
知识点 3	非实验设计与事后设计	026
知识点 4	准实验设计	028
知识点 5	真实验设计	031
知识点 6	小样本设计	035

第五节　实验研究的效度和信度 035

| 知识点 1 | 实验研究的效度 | 035 |
| 知识点 2 | 实验研究的信度 | 039 |

第三章　反应时法

知识导读 040

知识地图 040

知识精讲 041

第一节　反应时概述 041

知识点 1	反应时的研究历史	041
知识点 2	反应时的含义和组成时段	041
知识点 3	反应时的种类	042

第二节　反应时的影响因素 043

| 知识点 1 | 外部因素 | 043 |
| 知识点 2 | 机体因素 | 044 |

第三节　反应时技术 044

| 知识点 1 | 减数法 | 044 |
| 知识点 2 | 加因素法 | 048 |

知识点 3　开窗技术 049
　　知识点 4　内隐联想测验 051
　　知识点 5　序列反应时 053

第四章　心理物理学方法

知识导读 055
知识地图 055
知识精讲 056

第一节　阈限的测量 056
　　知识点 1　阈限的含义 056
　　知识点 2　3种测量阈限的方法 056
　　知识点 3　3种心理物理学方法的比较 063

第二节　心理量表法 064
　　知识点 1　量表的类型 064
　　知识点 2　顺序量表的建立方法——对偶比较法与等级排列法 064
　　知识点 3　等距量表的建立方法——感觉等距法与差别阈限法 065
　　知识点 4　比例量表的建立方法——感觉比例法与数量估计法 065
　　知识点 5　心理物理函数 066

第三节　信号检测论 068
　　知识点 1　信号检测论概述 068
　　知识点 2　信号检测论的基本概念和基本原理 068
　　知识点 3　辨别力指数 d' 及接收者操作特性曲线 070
　　知识点 4　信号检测论的测量方法 073
　　知识点 5　信号检测论的应用 074

第五章　主要的心理学实验

知识导读 075
知识地图 075
知识精讲 076

第一节　听觉实验 076
　　知识点 1　高音和响度的测定 076

知识点 2	听觉掩蔽实验……078
知识点 3	听觉适应与疲劳……079
知识点 4	听觉定位实验……079
知识点 5	语音知觉实验……080

第二节 视觉实验……081

知识点 1	明适应和暗适应的研究……081
知识点 2	视觉适应实验……082
知识点 3	视敏度的测定……082
知识点 4	闪光临界融合频率的测定……083
知识点 5	视觉的颜色现象实验……083

第三节 知觉实验……085

知识点 1	知觉组织实验……085
知识点 2	知觉恒常性实验……086
知识点 3	空间知觉实验……088
知识点 4	运动知觉实验……088
知识点 5	无觉察知觉实验……089

第四节 注意实验……093

知识点 1	过滤器模型及其双耳分听实验……093
知识点 2	注意资源有限理论及其实验……096
知识点 3	双加工理论及其实验……097
知识点 4	特征整合理论及其实验……098
知识点 5	注意的研究范式……100
知识点 6	注意的促进和抑制及其实验……104
知识点 7	注意的返回抑制实验……106
知识点 8	刺激反应一致性理论及其冲突效应实验……106
知识点 9	注意网络测验……107

第五节 记忆实验……108

知识点 1	感觉记忆实验……108
知识点 2	短时记忆实验……110
知识点 3	长时记忆实验……112
知识点 4	工作记忆实验……115
知识点 5	内隐记忆实验……116
知识点 6	前瞻记忆实验……118

知识点 7　错误记忆实验 ··· 119
　　知识点 8　定向遗忘实验 ··· 121
　　知识点 9　提取诱发遗忘实验 ··· 122
第六节　思维实验 ··· 123
　　知识点 1　概念形成与人工概念实验 ·· 123
　　知识点 2　推理与启发性策略实验 ··· 124
　　知识点 3　决策的前景理论及其实验 ·· 125
第七节　情绪实验 ··· 127
　　知识点 1　情绪的神经生理指标测量 ·· 127
　　知识点 2　面部表情的测量 ·· 128
　　知识点 3　情绪的主观体验测量 ·· 129
　　知识点 4　情绪实验的常用范式 ·· 130
第八节　常用的心理实验技术和仪器 ·· 133
　　知识点 1　常用的心理实验技术 ·· 133
　　知识点 2　常用的心理实验仪器 ·· 137
参考文献 ··· 141

第一章 实验心理学概述

知识导读

概述属于一个科目的总论部分,可以帮助考生对实验心理学的发展全貌、伦理原则、研究程序等问题有一个简单的认知。在本章中,我们会看到实验心理学分别从哲学和生理学两位"母亲"中汲取了哪些营养,在该学科发展历程中又涌现了哪些闪闪发光的人物、流派和理论。实验法现已逐渐成为心理学的主要研究方法。在前人众多研究的基础上,如何提出自己的研究构想,如何设计和实施实验研究,在研究过程中需要注意什么,都是学习本章时需要掌握的知识。

在考试中,本章第一节的知识点主要以选择题的形式考查,尤其要关注费希纳、冯特、艾宾浩斯3位心理学家的贡献,这些知识点可能也会以简答题等形式出题。本章第二、三节内容则以简答、论述题的形式考查居多,要求考生在理解的基础上记忆。

知识地图

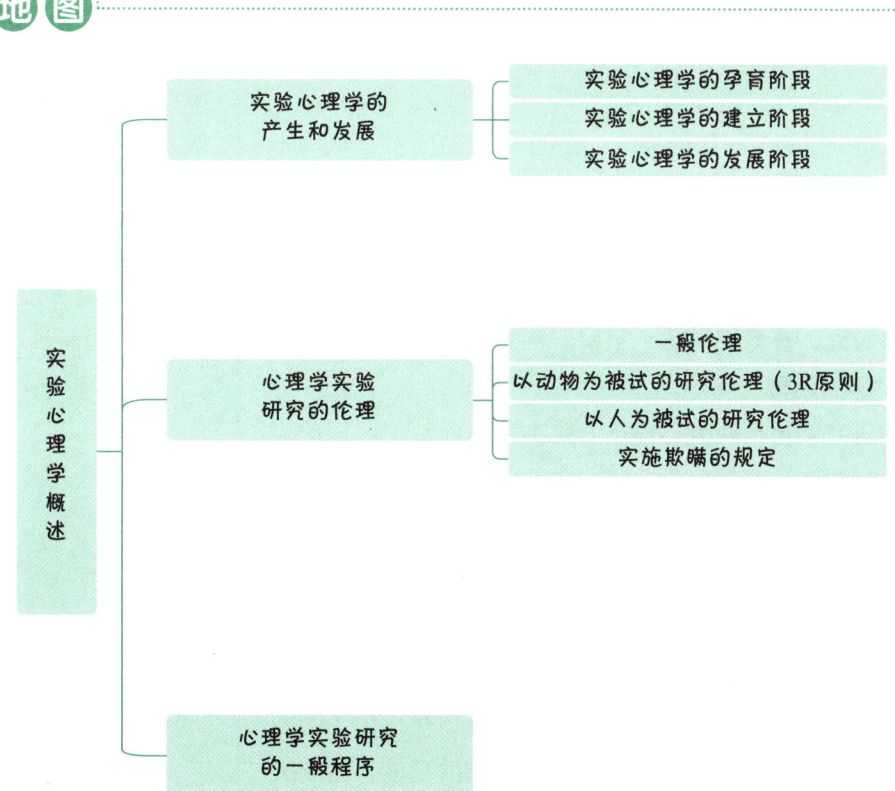

知识精讲

第一节　实验心理学的产生和发展

知识点 1　实验心理学的孕育阶段 ★　　>> TIPS ①

实验心理学诞生于1879年，其标志事件是冯特在德国莱比锡大学建立了世界上第一个心理学实验室。实验心理学的产生有着深厚的哲学和生理学发展背景。

1. 哲学　　>> TIPS ②

①唯理论：代表人物是笛卡儿。他提出了"二元论"，认为身体原因不足以解释全部心理活动，并引入灵魂的概念；提出了"天赋论"，认为观念不是经验作用的结果，而是先天具备的。

②经验主义：奠基人是霍布斯和洛克。洛克提出了"白板说"。经验主义反对笛卡儿的"天赋论"，认为一切知识都源于经验，并把经验划分为内部经验和外部经验。

③联想主义：代表人物是培因。联想主义把联想的原则看作解释一切心理活动的原则。

2. 生理学

①感觉神经、运动神经的发现：盖伦提出感觉神经和运动神经不同类；贝尔、马戎第发现一条混合神经纤维的前跟和后跟具有不同功能。这为神经生理学区分感觉神经元、运动神经元奠定了基础。

②神经特殊能学说相关学说的提出：杨提出"三色论"，认为不同的视觉神经能够感受不同颜色；缪勒提出神经特殊能学说，认为5种感官各对应一类神经纤维，每种神经纤维具有不同能量；赫尔姆霍兹提出了能够解释色盲颜色知觉的三色论。

③感知觉的研究：普肯耶发现了重要的视觉现象——普肯耶现象；韦伯提出了韦伯定律。

④颅相学的研究：加尔认为心理机能取决于脑内特定区域的大小，头颅结构与性格有密切关系。

⑤脑机能定位说的研究：弗卢龙认为特殊机能在脑内有明确的定位，但认为一般机能则要依靠较大部分的大脑区域；布洛卡发现了言语运动区，为大脑机能定位说提供了实证证据。

⑥反射动作的发现：阿斯特律克首次提出"反射"概念，认为反射涉及感觉神经、运动神经和中枢神经3个部分，并指出了随意动作和反射动作的区别；缪勒认为反射活动是脊髓的功能，需要大

TIPS ①

在考试真题中，实验心理学孕育阶段的知识点往往以选择题的形式进行考查，只需在阅读时记清楚"谁干了什么事"即可。在《普通心理学》中，我们也介绍过心理学产生的历史渊源——近代哲学和生理学，其与实验心理学的产生背景基本一致，两者可联系起来记忆。

TIPS ②

在文艺复兴时期，我们可以找到心理学最早的哲学先驱。提出"我思故我在"的笛卡儿为了清早能待在床上思考，自称身体虚弱以逃避学校的宗教操练。在他看来，身体只不过是一台复杂的机器，心灵才是我们得以思考的原因。深受笛卡儿思想影响的洛克，依然不忘自己清教徒的身份，对由天主教徒笛卡儿提出的"天赋论"持反对态度，并以"无字白纸"比喻人的心灵，提出了著名的"白板说"。

脑的参与。

⑦神经冲动的电性质的证明：伽伐尼证明了神经冲动具有电的性质，这为后来测定神经冲动的传导速度奠定了基础。

⑧神经冲动的传导速度的测量：赫尔姆霍兹测量了神经冲动的传导速度，使人们逐渐认识到反应需要一定时间。

⑨人差方程的提出：贝塞尔提出了人差方程，认为观测结果的差异是由观察者的个体差异导致的。

知识点 2　实验心理学的建立阶段 ★★

实验心理学的诞生离不开初期众多研究者的贡献，常考的是费希纳、冯特、艾宾浩斯和铁钦纳4位心理学家的贡献。

1. 费希纳

（1）主要著作

1860年，费希纳出版了第一部系统的心理物理学专著——《心理物理学纲要》。

（2）主要贡献

①提出了测量感受性的3种心理物理学方法——极限法、恒定刺激法和平均差误法，为心理现象的定量研究创造了科学的方法。

②提出了感觉"阈限"的概念，并对心理量与物理量的关系进行了分析和讨论。

③提出了"负感觉"概念，并用负的数量表示无意识现象。

④在韦伯的基础上，提出了费希纳定律（对数定律），为联系人的内、外部世界提供了规律。

2. 冯特　　　　　　　　　　　　　　　　》 TIPS ③

（1）主要著作

① 1862年冯特出版的《对感官知觉学说的贡献》中首次提出"实验心理学"一词。

② 1874年冯特出版的《生理心理学原理》被心理学界誉为科学心理学史上最伟大的著作之一，有人将其称为心理学的《独立宣言》。

（2）主要贡献

①倡导把心理现实作为心理学的研究内容，反对把神学和哲学上的灵魂作为自己的研究对象，为心理学的独立开辟了道路。

②提出了必须用实验法研究心理学，并于1879年在莱比锡建立了第一个心理学实验室，从而创立了实验心理学这门新学科，使心理学真正地走入科学的殿堂。

③运用莱比锡的心理学实验室培养了一大批学生，如霍尔、卡特尔、铁钦纳等，推动了整个世界心理学学科的繁荣和发展。

> **TIPS ③**
>
> 我们通常将冯特归为构造主义流派，但"构造主义"一词其实是由铁钦纳和詹姆斯等人提出的，冯特本人从未使用过这个词。究其一生，冯特培养出了大批弟子，对第一代心理学家产生了深远影响，即便他的学生中很少有人一直遵循他的教诲和他研究心理学的方法。

3. 艾宾浩斯

①艾宾浩斯是**最早采用实验法研究人类高级心理活动**的心理学家。他证明了实验法可以用来研究高级心理过程,使心理学的研究范围拓宽至前所未有的境界。

②创造性地使用了**无意义音节**作为记忆的研究材料,将实验心理学的研究范式从此导向人工实验情境,从根本上改变了实验心理学的研究范式。

③发明了**节省法**来测量学习和记忆的效果,为实验心理学提供了新的变量测量方法,解决了高级心理过程的量化问题。

④通过实验研究,建立了第一个和高级心理过程有关的函数关系——**遗忘曲线**。

TIPS 4

在艾宾浩斯之前,没有人用实验法系统研究过记忆。此外,他还有一句为人熟知的名言:"心理学有一个漫长的过去,却只有一个短暂的历史。"正是这句描述,令许多对心理学发展史感兴趣的研究者对其着迷。

4. 铁钦纳

1901年,铁钦纳出版了《实验心理学》,其中对感知觉研究和心理物理法进行了大量论述,并致力于将实验心理学建立成一个新的学科体系。

知识点 3 实验心理学的发展阶段 ★

1. 行为主义

行为主义的创始人是华生。1913年,华生发表了《行为主义者眼中的心理学》一文,标志着行为主义的诞生。

(1)华生

①强调心理学研究应当研究可观测的客观事实,即个体的行为。

②建立了**刺激-反应(S-R)**的研究模式,通过实验的方法研究外显行为。

(2)斯金纳

①斯金纳是新行为主义的代表人物,其理论体系被称为"激进行为主义"。与华生不同,他更注重研究反应,而不是刺激与反应之间的联结。

②他提出了**操作性条件反射**,认为操作性行为反应是自发的、由反应到刺激的过程,并针对操作性条件反射的研究,创制了斯金纳箱。

③他注重对**单个被试**进行实验研究,这种方法已发展成心理学研究中的单被试实验。

行为主义在研究思想、方法和手段上对实验方法、实验器材、行为与反应之间关系的重视,都对实验心理学的发展产生了深远影响。

TIPS 5

华生强调的是S-R之间的联结。如果把神经系统比作一条电路,华生认为,当我们打开电源开关时(S),灯泡就会亮起来(R);而斯金纳强调的是R-S的联结,也就是在自发反应之后,进一步给予刺激强化。

2. 信号检测论和现代心理物理学

信号检测论和现代心理物理学(详见第四章)均重视认知因素在考查物理量与心理量之间关系的重要性,对实验心理学理论与实验方法的发展做出了重要贡献。

3. 认知心理学

1967年，奈塞尔出版了《认知心理学》一书，标志着认知心理学的诞生。认知心理学开创了新的研究范式，拓宽了心理学的研究内容，为心理学的研究注入了计算机模拟等新的研究方法。 >> TIPS ⑥

> **本节小结**
>
> 实验心理学脱胎于哲学和生理学之中。哲学为实验心理学的诞生提供了理论基础，而生理学为实验心理学的诞生提供了可借鉴的研究方法。在众多科学家的探索中，费希纳首先论证了内部感觉经验可以量化研究；冯特使实验心理学第一次成为一个系统的学科；艾宾浩斯通过对记忆的研究证明了实验法的普遍适用性，扫清了实验心理学发展道路上的最后障碍；铁钦纳则试图将实验心理学建立为一个新的学科体系。在发展过程中，行为主义为实验心理学奠定了雄厚的客观基础，此后发展起来的认知心理学使实验心理学的研究打上了认知的烙印，并再次将意识纳入心理学的研究范畴中。

TIPS ⑥

计算机模拟法是先推断出某个反应动作的可能心理过程，并将其编成程序输入计算机，然后比较计算机的反应与人的反应之间的差别，从而逐渐接近人的心理活动过程。

第二节 心理学实验研究的伦理

由于心理学实验的对象一般是人或动物，因此，在进行心理学实验研究时，研究者首先应该考虑伦理道德问题。

知识点 1 一般伦理 ★

①实事求是的科学精神：在研究中采取诚实客观的态度，力图报告事实，不剽窃、不伪造。

②严谨审慎的工作作风：在研究中必须力求精细、严格，在得出结论时务必仔细核对、小心谨慎。

知识点 2 以动物为被试的研究伦理（3R原则）★

①减少（Reduce）：减少每一次实验中所需动物的数量。

②优化（Refine）：优化现有的实验，以减少动物所受的痛苦和伤害；当动物必须被处死时，必须对其尽可能地人道处理。

③取代（Replace）：使用其他手段来取代动物实验。

知识点 3 以人为被试的研究伦理 ★★　　>> TIPS ①

（1）保障被试的知情同意权

知情同意就是告诉被试实验的目的、过程及其可能产生的不良后果等，让被试可以在知情的情况下自行决定是否参加实验。同时也要如实回答被试提出的问题，并与被试正式签订知情同意书。如

TIPS ①

目前国际学术界已将"被试"改为"参与者"。英国学者哈里斯认为，心理学实验的参与者都是我们的同道中人，不是纯粹被支配的客体，因此称其为"被试"是不合适的。在国内心理学界，由于大家已经习惯使用"被试"一词，因此较多期刊中依旧沿用了这一叫法。同学们如果将来要写英文论文或进行国际学术交流，注意使用"participant"而不是"subject"。

果被试缺乏或丧失自主判断能力，如是未成年人或病人等，研究者应取得其家属或监护人的同意。

（2）保障被试自由退出的权利

研究者不应强制性迫使被试参与，应给予被试退出实验的自由，并且在实验开始前应告知被试拥有随时退出的权利。

（3）保护被试的免遭伤害

在实验进行中和完成后，都必须确保被试不会因为实验而产生任何不良反应。在实验进行过程中，研究者必须对被试的状态保持密切注意；在实验完成后，研究者也要对由于实验引发的问题给予解决。

（4）遵守保密原则

在未经被试许可的条件下，研究者不应泄露被试在实验中的任何表现，尤其是不能泄露被试的一些个人信息。

知识点 4　实施欺瞒的规定 ★

有时当被试知道了实验目的后，会影响实验结果，在这种情况下可能需要实施欺瞒，也就是不告诉被试实验的真正目的。实施欺瞒要注意以下事项。

①该研究的价值已被证实，不使用欺瞒该研究无法进行，且不存在其他可能的替代方案，在这种情况下方可实施欺瞒。

②不能对影响被试参与意愿的重要内容实施欺瞒，如身体或情绪危害。

③实施欺瞒后一定要尽早向被试进行解释，最好是在实验结束时向被试提供有关的真实信息。

> **本节小结**
>
> 在心理学领域内，有很多经典的实验研究，如华生的小阿尔伯特实验、菲利普·津巴多的斯坦福监狱实验、塞利格曼的习得性无助实验等。我们不能否认这些实验研究对于心理学的发展做出了贡献，但它们也确实存在伦理问题。因为这些研究开展的时间相对较早，所以当时没有完善的伦理审查机制。但心理学发展至今，理应成为一门更加注重人文关怀的科学。研究者在努力追求实验科学性的同时，也不能忘记遵循心理学实验研究的伦理道德原则。如何在最好地保护被试的同时，完成一项有意义且有效的研究，是每个实验研究者都应该严肃对待的问题。

第三节　心理学实验研究的一般程序

实验研究的程序一般包括 5 个过程：课题选择与文献查阅、问题提出与研究假设、实验设计与实施、数据整理与统计分析、研究报告撰写。

知识点 1　心理学实施研究的一般程序

1. 课题选择与文献查阅

（1）课题选择　　　　　　　　　　　　　　》 TIPS ①

①课题的来源：实际需要；理论需要；个人经验；前人研究与文献资料。

②选择课题的原则：具有理论价值和应用价值；具有科学依据和实践依据；具有创造性。

（2）文献查阅　　　　　　　　　　　　　　》 TIPS ②

在查阅文献的过程中，通常是按照文献出版发行的时间，从最近的文献向前追溯，对文献的数量进行一定的限制，保证文献是第一手资料，具有权威性和代表性。

文献查阅的步骤如下：

a. 准备好与课题有关的关键词。

b. 通过网络文献数据库、学术期刊官网等途径进行检索。

c. 选择性精读与批判性阅读。

d. 客观、全面地对文献进行综合评述。

2. 问题提出与研究假设　　　　　　　　　　》 TIPS ③

（1）问题提出

①研究问题通常是在研读文献的基础上提出的，往往通过变量间关系的形式来表述。

②心理学的研究问题具有3个特点：具有可检验性；具有可行性；揭示了变量之间的关系。

③评价研究问题的标准有3个：研究意义、创新性、可行性。

④对研究问题的探索可分为两阶段：第一阶段探明规定某个行为的条件是什么（因素型实验或定性实验）；第二个阶段探明某些条件与行为之间的函数关系如何（函数型实验或定量实验）。

（2）研究假设

①研究假设是对研究问题的设想，一般是对研究问题可能的结论的一种预期，是关于条件和行为之间关系的陈述。若把自变量记作a，因变量记作b，则假设一般可以表述为：如果a如何，那么b如何。

②假设的种类如下。　　　　　　　　　　　》 TIPS ④

a. 析因性假设：为了解释、控制行为而建立的假设，主要目的是解释自变量与因变量之间的因果关系。

b. 描述性假设：为了描述、预测行为而建立的假设，主要目的是鉴别某一行为发生的情境，并预测其在什么时候发生。在这种假设中，自变量与因变量之间不存在因果关系，只是一种相关关系。

TIPS ①

依据实际需要产生的课题：在法庭中存在目击证人记忆错误的问题，可以引申为课题"律师的提问对目击证人记忆的影响"。依据理论需要产生的课题：短时记忆的遗忘存在几种理论解释，为确定哪一种理论解释合理，可以此为课题进行研究。依据个人经验产生的课题：牛顿被苹果砸到，从而引发了对万有引力的研究；依据前人文献产生的课题：在分析文献的不足和文献展望部分，作者提到了某个问题，继续就这个问题深入，也可引申出课题。

TIPS ②

基于文献分析的课题选择可借鉴以下方法：第一，关注学科发展的生长点；第二，寻找学科研究中的"空白区"；第三，重视与邻近学科的"交叉区"；第四，完善现有理论，解决现有理论之间的矛盾点；第五，从其他学科的视角审视心理学问题。

TIPS ③

问题与假设之间的区别在于，假设可以直接进行检验，而问题不可以直接进行检验。只有将问题转化成假设，实验设计才能进行。英国科学家贝弗里奇曾说过："没有人会相信假设，除了假设的提出者；但是每个人都相信实验，除了实验的操纵者。"

③假设具有的特性：精确性、简明性、合理性、可验证和可证伪性。

④形成假设的方法如下。

a. 演绎推理法：从一般到特殊的推断过程，即根据一般规律或原理，对某一特定心理现象进行预测。这类假设大多属于应用类研究的假设。

b. 归纳推理法：从特殊到一般的推断过程，即从大量的研究结果中概括出某一类心理现象的共同规律。这类方法得到的假设具有一定的理论性和概括性，在基础领域的研究中比较适用。

3. 实验设计与实施

实验设计是研究者在正式做实验之前对如何开展实验所做的周密计划和具体安排。具体实施过程如下。

①变量的控制：控制是实验的精髓所在。控制的变量包括自变量、因变量和额外变量，需要分别对它们进行操作定义（详见第二章）。

②被试样本的确定：心理学实验是通过样本的反应推测总体的反应规律。每个实验具体需要多少样本量可通过统计软件G*Power进行计算。取样时需要遵循的一个重要原则是，样本要有代表性。

③确定指导语：一般来说，实验的指导语包括三部分，首先简要介绍一下实验目的，其次阐明实验内容和反应方式，最后说明实验中需要注意的事项。

④实验程序的确定：实验程序中包括对实验材料、实验流程、具体试次的安排、被试的任务等方面的介绍。　》TIPS ⑤

⑤实验的实施与数据的收集：实验实施过程中，要求主试给每个被试实施恰当的实验处理，收集记录被试的反应数据。

4. 数据整理与统计分析　》TIPS ⑥

数据整理与统计分析的基本步骤如下。

①极端数据和不可靠数据的剔除。

②人口统计学变量和核心变量的描述统计分析。

③核心变量的相关分析。

④回归分析或者方差分析。

⑤建模分析。

5. 研究报告撰写

研究报告是研究课题的阶段性成果或最终成果，是对研究成果的总结报告。心理学实验研究报告的结构包括标题、作者及其所属机构、摘要和关键词、前言、方法、结果、讨论、结论、参考文献、附录。

"如果考场环境越好，那么考生的考试成绩就越好"属于析因性假设，因为考场环境直接导致考试成绩的变化，两者之间存在因果关系；"如果吸烟量越大，那么患肺癌的可能性越大"属于描述性假设，因为吸烟量与患肺癌的可能性之间存在一定关联，但吸烟并未直接导致肺癌，两者之间无因果关系，只有相关关系。

实验程序示例：实验在灯光昏暗并且无噪声的行为实验室中进行。实验程序在E-prime上编写、运行，刺激呈现在27英寸的液晶显示器上。液晶显示器分辨率为1 024像素×768像素，刷新率为60 Hz。被试的头部距离液晶显示器大约60 cm。实验开始时在液晶显示器中央呈现500 ms的"+"注视点，随后在液晶显示器中央会呈现一副面孔（开心或恐惧的表情），呈现时间为1 000 ms。然后呈现"+"注视点继续下一试次。被试的任务是对面孔表情进行判断，如认为面孔表情为开心的表情则按"F"键，如认为面孔表情为恐惧的表情则按"J"键。实验开始之前先要求被试进行20个试次的练习。

注意并不是所有数据的整理和统计分析都需要进行以上5个步骤。具体选用什么统计分析方法，要依据研究目的、实验设计而定。数据分析的重点在于揭示变量间差异或关系的显著性，挖掘数据背后的心理含义，进而得出结论。

①**标题**：简洁明了地概括出研究主题，最好能反映出实验的自变量和因变量，一般不宜超过20个汉字。

②**作者及其所属机构**：标题之下应写上作者的姓名及其所属机构，并附上作者所在城市和对应的城市邮编等信息，便于读者与作者联系。若作者不止一个，应按其对研究贡献的大小进行排列。

③**摘要和关键词**：摘要是对论文内容简短而全面的概括，能够让读者迅速总览论文的内容，其内容包括研究问题、研究方法、研究结果、研究结论，以及研究的意义或启示等，中文摘要一般不超过300字；关键词是与研究内容相关的核心概念或术语，一般在摘要之后列出3~5个关键词。

④**前言**：主要介绍研究背景、研究问题、研究假设与研究价值。

⑤**方法**：包括被试、仪器和材料、实验设计、实验程序等内容。为了便于他人重复验证研究结果，在方法部分作者应详细交代所有必要的细节。

⑥**结果**：先简单说明主要的结果或发现，然后尽量详细地报告数据以验证结论。一般采用文字配合图表的方式呈现。

⑦**讨论**：对实验结果进行分析和解释，说明实验假设是否被验证，并推论得到目前结果的原因，提出自己的见解。讨论是研究报告中最能体现作者自由度和创造性的部分。

⑧**结论**：用简明扼要的语言将得到的几个结论归纳为几个要点，便于读者阅读和参考。

⑨**参考文献**：列出在正文中所引用过的文章和数据，并按一定格式写明文献标题、出处、作者、出版日期等信息。不同期刊对参考文献的格式有不同要求，常用的是APA（American Psychological Association）格式。

⑩**附录**：正文的补充部分，通常篇幅较长，必要时才列出。可列出实验中所采用的仪器设备、实验材料、问卷或其他调查工具、计算机程序等。

本节小结

尽管心理学实验研究是一项创造性活动，没有一成不变的规则，但大多数实验研究通常都遵循一定的基本程序。心理学实验的起点是选择课题并提出问题，在这个过程中我们必须经历文献查阅和分析环节，以此帮助我们较为准确地把握前人研究的情况。提出问题之后，我们还需要将问题以假设的形式进一步明确下来，这才能使得问题变得更具体，随后的研究也更有针对性。然后我们需要制订出详细的实验方案并收集数据，对数据进行整理和统计分析，最终才能写成一份严谨的研究报告。

TIPS 7

APA格式是美国心理学会发布的、用于规范心理学学术期刊的行业格式。APA格式的参考文献排版包括两部分：一个是在正文中对引用话语的标注；另一个是在文章最后罗列的具体参考文献。考查较多的是文章末尾参考文献的罗列格式，其标准是：作者姓名＋文章发表年份＋文章标题＋期刊名（斜体）＋卷期（卷号斜体，如有期号则用括号标明，期号不斜体）＋页码范围。如为单一作者，写出作者姓氏＋名字的首字母即可；如有多个作者，写出作者姓氏＋名字的首字母，并在倒数第二个和最后一个之间用"&"连接。其中前三部分之间都用句号连接，后三个部分之间用逗号连接，最后以句号结束，如：Borst, G., Kosslyn, S. M., & Dennis, M.（2006）. Different cognitive processes in two image-scanning paradigm. *Memory & Cognition*, 34, 475–490。

名词总结

费希纳	冯特	艾宾浩斯	行为主义
认知心理学	知情同意	研究假设	析因性假设
描述性假设	简单随机法	系统随机法	分层随机法
计数数据	计量数据	等级数据	

第二章　心理学实验的变量与设计

知识导读

本章主要介绍了心理学实验的三大变量、实验设计的类型和评价标准。在整个科目中，这些既属于基础知识，也属于学科重点内容。三大变量是实验设计的基石，只有熟练掌握自变量、因变量、额外变量的含义和操纵、控制方法，才算是走稳了实验研究的第一步；实验设计是心理学实验的灵魂，尤其是间、内、混3种实验设计，其在考研中属于重难点、高频考点；在完成基本的实验设计之后，通常采用效度、信度两个指标来评价一个实验的质量高低。因此，三部分内容是环环相扣的。

在考试中，本章第一、二节的知识点主要以选择题的形式进行考查。本章第三、四、五节的内容多以选择题、简答题、论述题，甚至综合题等形式进行考查。因此，考生要着重掌握本章后三节内容，应对概念理解透彻，将逻辑梳理清晰，以应对灵活性、开放性的考题。

知识地图

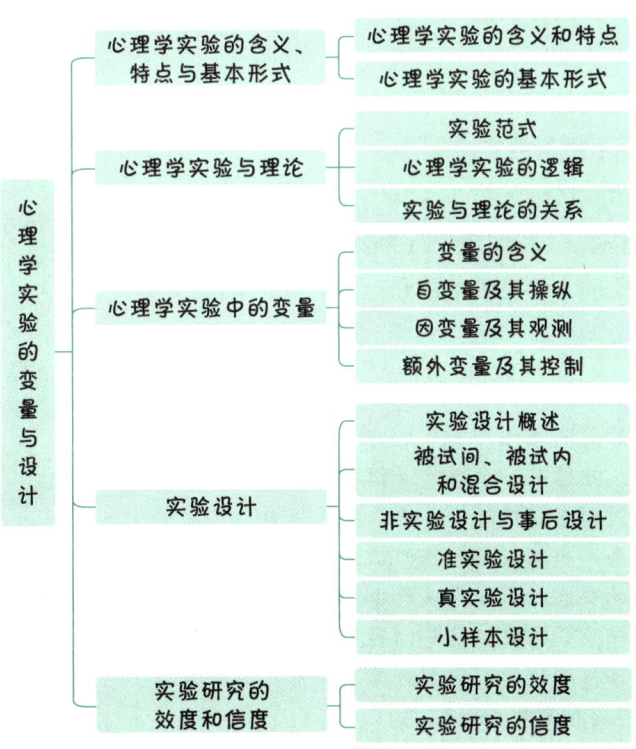

第一节　心理学实验的含义、特点与基本形式

知识点 1　心理学实验的含义和特点 ★

1. 心理学实验的含义

心理学实验是运用实验的方法，在控制条件下对心理和行为进行研究的方法。其目的是探索心理和行为发生、发展、变化的原因和规律，并做出明确的因果推论。

2. 心理学实验的特点　　　　　　　　　　　　» TIPS ①

①操纵或控制变量，人为创设实验情境。
②基本目的在于揭示变量之间的因果关系。
③有严格的实验设计和实验程序，以保证实验结果的科学性。

知识点 2　心理学实验的基本形式 ★

1. 依据实验情境划分

①**现场实验**：对实验条件进行适当控制，在人们正常学习和工作的情境中进行。

②**实验室实验**：借助于专门的实验设备，在对实验条件严加控制的情况下进行。

2. 依据研究目的划分　　　　　　　　　　　　» TIPS ②

①**探索性实验**：在对研究问题的因果关系缺乏充分了解的情况下进行的实验。

②**验证性实验**：在对研究的问题积累了大量的材料，且对变量之间的关系比较明确的情况下进行的实验。

3. 依据变量的关系类型划分　　　　　　　　　» TIPS ③

①**因素型实验**（定性实验）：探明规定行为要因的实验。
②**函数型实验**（定量实验）：探明条件和行为之间的函数关系的实验。

> **本节小结**
>
> 心理学研究主要采用的是实验法。本节主要介绍了心理学实验的含义、特点和基本形式。就像若一个操作者想要了解一台仪器的操作方法和性能，在没有说明书的情况下，他只能根据自己已有的知识提出一些假设，再一个一个按仪器按钮以检验假设，从而找出这台仪器输入和输出之间的关系。心理学实验也是如此，一次变化一个条件，先把某个现象产生的条件搞清楚，再有组织地变化多个条件。根据不同的依据，可将心理学实验划分为不同形式，如现场实验和实验室实验、定性实验和定量实验等。

TIPS ①

因果推论必须满足 3 个条件。
①共变：事件或变量必须是相关或者一起变化的，即存在统计上的关联。
②时序关系：一个事件或变量必须在另一个事件或变量之前发生，即存在时间上的先后。
③排除其他的可能原因：一个事件或变量对另一个事件或变量的影响不是由第三个因素造成的，即不存在混淆因素。

TIPS ②

在孟庆茂和常建华的《实验心理学》教材中，将探索性实验等同于因素型实验，验证性实验等同于函数型实验。

TIPS ③

因素型、函数型实验的主要区别在于两者的目的不同。因素型实验的目的在于探测"因"，即探讨影响因素是什么；函数型实验的目的在于建立"函数"关系，即探讨怎么影响行为结果。

第二节 心理学实验与理论

知识点 1　实验范式 ★　　》TIPS ①

1. 实验范式的含义

在心理学中，为了验证证某种假设以及发现某些有意思的现象，实验者会设计具有验证性目的的实验。有些实验比较经典，被有相同或类似目的的后人多次沿用，就形成了一种实验范式，包括实验目的、具体流程、手段以及实验设计等。简单来讲，实验范式也就是相对固定的实验程序，如 Stroop 范式、IAT 范式等。

2. 实验范式的用途

实验范式在具体的实验中可以作为模板，并可以根据自己的新要求对其进行修改。它的设计一般有两种用途或目的：第一，为了使某种心理现象得到更清晰准确的描述和表达；第二，为了检验某种假设或新提出来的概念。

知识点 2　心理学实验的逻辑 ★　　》TIPS ②

心理学实验是在控制额外变量的条件下考察自变量和因变量之间的因果关系的。并且，它还设定了一个虚无假设：因变量的平均值在不同的实验条件下没有显著差异。如果所获得的实验数据拒绝（或否定）虚无假设，那么研究者就得到了一个可靠的结论——因变量明显受自变量影响。

知识点 3　实验与理论的关系 ★

1. 理论的含义　　》TIPS ③

理论是解释多个事件的一组相关表述。理论的提出是为了把概念和事实组织成紧凑连贯的体系，进而预测未来的事件。一个好的理论应具有简洁性、广泛性、准确性和可验证性。

①简洁性：用很少的概念就能解释很多的结果。即事件越多，表述越少，理论越好。

②广泛性：能够解释多种现象或一般现象，不仅仅局限于对个别现象的解释。

③准确性：在其他方面相等的情况下，使用数学公式表述的理论较使用松散文字表达的理论更为精确。

④可验证性：理论本身应该能够被研究者重复验证。

2. 实验与理论的关系

①一方面，心理学实验需要理论的指导。理论是心理学实验的背景和前提，任何一个心理学实验都需要理论支持。

认知科学和实验心理学家陈霖院士指出：心理学实验范式是认知科学的三大基础之一，另两大基础是心理学变量和脑成像技术。

这样的心理学实验框架包括两部分内容：一是实验设计，即怎样操纵自变量去影响因变量的问题；二是数据分析，即如何对虚无假设进行显著性检验的问题。前者可在实验心理学中进行学习，后者需结合心理与教育统计学进一步学习。

万有引力定律可以解释苹果的落地、过山车的运行及太阳系中各天体的位置等，它是一个强有力的理论，但这不等于说它是一个正确的理论，因为有些事件它也不能解释。

②另一方面，心理学理论也需要实验的检验。理论是无法被直接检验的，科学家们可以用实验来检验那些从理论推导而来的假设。只有不断得到实验检验的理论才能不断完善和发展。

3. 可证伪原则

"可证伪原则"**是波普尔推出的一个重要的哲学原理**，其含义是：只有从理论推导出的各种预测有被证伪的可能性，该理论才有可能是科学的理论。

波普尔认为：对于一切从经验得来的假说、命题和理论，只有当它们容许反例的可能存在时，它们才有可能是科学。

> **本节小结**
>
> 本节介绍了实验范式的含义、心理学实验的逻辑，以及实验与理论的关系。明晰实验的具体范式和逻辑能够确保一个实验研究的进行。实验和理论是一个相互影响的循环。一方面，实验需要理论的指导和支持；另一方面，实验可以让相互对立的两种理论一决雌雄，结果常常是一种理论被排除，而另一种理论因受到实验支持而得以保留。

第三节 心理学实验中的变量

知识点 1　变量的含义 ★　　≫ TIPS ①

变量是指在**数量或质量上可变的事物属性**。在心理学实验中，变量常指具有**两种或两种以上取值**的事件或行为。对于心理学实验来说，变量可分为**自变量**（independent variable）、**因变量**（dependent variable）和**额外变量**（extraneous variable）3种。

当性别作为变量时，取值可以为男、女两种；当智商作为变量时，取值可根据智力测验的得分分为高、中、低3个水平。

知识点 2　自变量及其操纵 ★★★

1. 自变量的定义　　≫ TIPS ②

自变量是在实验中**实验者所操纵的、对被试的反应可产生影响**的变量。

2. 自变量的类型

自变量的类型有作业变量（刺激变量、任务变量）、环境变量、被试变量、暂时造成的被试差别4类。

（1）作业变量　　≫ TIPS ③

作业指实验中**被试的任务**，或实验中呈现的与被试任务有关的某种刺激。把任务的任何特性作为自变量来操纵，这种自变量就是作业变量。

例如，若某实验者的目的是探讨词频对阅读的影响，则该研究的自变量就是词频。

例如，在Stroop实验中，字词的颜色就属于作业变量。

（2）环境变量　　　　　　　　　　» TIPS ④

在实验中，如果作业或任务保持不变，只改变实验环境中的任一特征，这种发生改变了的环境特征就被称为环境变量。

（3）被试变量

被试变量是指被试的一种持久性的特质，常见的有年龄和性别。此外，被试变量还包括被试的健康状况、智力、受教育水平、人格特征等。

（4）暂时造成的被试差别

暂时造成的被试差别是指通过主试的指导语、态度等，使被试的机能状态、特性等产生暂时的变化，将这种暂时的变化作为引起被试反应的自变量，如疲劳、兴奋水平、诱因等。

3. 对自变量的操纵

（1）对自变量下操作性定义　　　　» TIPS ⑤

操作性定义是由美国物理学家布里奇曼提出的，其目的是让实验者之间能进行更清楚而准确的交流，从而让他们在实验方法使用上更标准化、更一致。操作定义就是用可感知、可度量的事物、事件、现象和方法对变量或指标做出具体的界定、说明。

在心理学上，对一个心理现象根据测定它的程序所下的定义就叫作操作定义。

（2）确定自变量的各个水平　　　　» TIPS ⑥

自变量的水平即自变量的取值或操纵结果，取几个值就有几个水平。因素型实验的自变量一般不超过4个水平，并应尽量使自变量的变化范围（全距）较大，各个水平在全距上分布平均；而函数型实验的自变量水平需要更多些，如果预期实验考察的是线性函数关系，可以取3~5个水平，如果考察的是更复杂的函数关系，则至少需要取5个水平。

知识点 3　因变量及其观测 ★★★

1. 因变量的定义　　　　　　　　» TIPS ⑦

因变量是在实验中操纵自变量而引起的被试的某种特定反应。它是自变量造成的结果，是主试观察或测量的行为变量。因变量要能够有效、敏感和客观地反映自变量产生的影响。

2. 因变量的类型

常见的因变量包括客观指标和主观指标。

①客观指标：反应速度（反应时）、反应速度的差异（反应时之差）、反应正确性（正确率）、反应标准（似然比β）、反应难度等；

②主观指标：口语记录等。

TIPS ④

常见的环境变量包括温度、湿度、亮度、噪声、时间等。

TIPS ⑤

例如，感觉阈限可以定义为50%次感受到刺激的阈限值；疲倦可以定义为当前的工作效率降低为原来工作效率的50%。

TIPS ⑥

要注意自变量的水平数并不是越多越好。其水平数越多，实验设计就越复杂，结果分析与说明的难度就越高。

TIPS ⑦

例如，若某实验者考察字号大小对阅读速度的影响，则其中自变量是字号大小，因变量是阅读速度，可用阅读时间来定义。

3. 对因变量的观测

（1）反应控制

反应控制的目的是在实验过程中让被试的反应确实发生在实验者感兴趣的因变量维度上。在人作为被试的实验中，对反应的控制往往是通过**指导语**实现的。

（2）选择恰当的因变量指标（操作性定义） » TIPS ⑧

一个恰当的因变量指标必须满足以下标准。

①**有效性**：指标充分代表当时的现象或过程的程度，也称为效度。

②**客观性**：指标是客观存在的，可以通过一定的方法观察到。

③**数量化**：指标便于记录与统计，并且量化的指标能进行比较。

（3）避免量程限制 » TIPS ⑨

量程限制是指由于反应指标的量程不够大，而造成反应停留在指标量表的最顶端或最底端，从而使指标的有效性遭受损失的现象。其中天花板效应和地板效应尤为典型。

①**天花板效应（高限效应）**：实验任务**太容易**，所有被试都得**高分**，反应在指标量程的**最顶端**，无法有效区分高低水平的差异。

②**地板效应（低限效应）**：实验任务**太难**，所有被试都得**低分**，反应在指标量程的**最底端**，无法有效区分高低水平的差异。

知识点 4 额外变量及其控制 ★★★

1. 额外变量的定义 » TIPS ⑩

额外变量又叫控制变量，是**与实验目的无关但能对被试反应有一定影响的变量**。评价一项实验设计的好坏的重要依据之一就是看实验者能否成功地控制额外变量。如果额外变量没有控制好，那么它就会造成因变量的变化。在这种情况下，实验者选定的自变量与一些未控制好的因素共同造成了因变量的变化，最终难以确定哪个才是真正解释因变量变化的原因，这就叫**自变量的混淆**。

2. 额外变量的来源

（1）被试方面 » TIPS ⑪

来自被试方面的额外变量主要涉及被试的动机、兴趣、先前经验、性格和气质特点、当时的生理和心理状态等。例如，实验中，被试会自发地对实验者的实验目的产生一个假设或猜想，然后再以一种自以为能满足这一假想的实验方式进行反应，被试出现这种动机的现象被称为**要求特征**。典型的要求特征有霍桑效应、安慰剂效应、约翰·亨利效应等。

①**霍桑效应**是梅奥在霍桑电力工厂开展实验研究时发现的一种现象，指被试由于受到额外的关注而引起绩效或努力上升的现象。

TIPS ⑧

在朱滢和周爱保的《实验心理学》教材中，其说法和上述表述稍有出入。他们认为，因变量测量要考虑可靠性（信度）、有效性（效度）、敏感性3个标准，并将天花板、地板效应归为因变量指标不敏感的典型例子。不管考生使用哪个版本的表述，要记得有效性是这几个标准中最重要的。

TIPS ⑨

例如，如果用小学生期末考试的题目来考查高中生的成绩，就会出现普遍得高分的现象——天花板效应；而如果用高中生的考试题目来考查小学生的成绩，就会出现普遍得低分的现象——地板效应。防止天花板和地板效应的方法有：通过实验设计来避免极端反应；进行预实验，修改实验任务。

TIPS ⑩

细心的同学可能会发现，有些教材把额外变量和无关变量等同，有些教材又特意区分了额外变量和无关变量。这个问题主要是英译时引起的误会。在翻译"extraneous variable"时，一些编者把它译为额外变量，另一些编者把它译为无关变量，但这两种翻译指的都是"与实验目的无关的，但能对被试反应产生影响的变量"；而真正的无关变量是另一个单词——irrelevant variable，指的是对实验压根不产生影响的变量（可以不用关注）。所以，并不是教材之间互相矛盾，而是所讨论的概念本就不同。

在心理学实验中，被试由于参加了实验，感到新奇、受重视，也会产生类似于霍桑效应的心理活动，进而影响实验目的的实现。

②**安慰剂效应**指被试虽然接受的是无效的治疗，但由于相信或预期治疗有效，而病情得到好转的现象。在心理学实验中，被试也会对实验中可能的影响进行猜测，由此产生某些积极的心理效应。

③**约翰·亨利效应**指控制组意识到自己处于控制组，且在要和实验组竞赛的情况下，超常发挥的现象。　　　　　　>> TIPS ⑫

（2）主试方面——实验者效应　　　　　　　　　　　　>> TIPS ⑬

实验者效应又称期待效应、罗森塔尔效应、皮格马利翁效应、毕马龙效应等，指的是主试在实验中可能以某种方式（如表情、手势、语气等）有意无意地影响被试，使他们的反应符合实验者的期望。

（3）实验环境方面

来自实验环境方面的额外变量主要有光线、温度、声音、环境布置、空间大小等，以及一些偶发事件（如仪器的临时故障等）。

（4）实验设计和实验过程控制方面

来自实验设计、实验过程控制方面的额外变量主要有实验设计方法不当、被试取样和分配不合理、实验程序安排不当、过程控制不严格等。

（5）数据处理和统计分析方面

来自数据处理、统计分析方面的额外变量主要有没有剔除极端数据没有剔除或剔除这些数据的方法不当、没有删除不可靠的被试数据、评价标准不统一、统计分析方法不当等。

3. 对额外变量的控制　　　　　　　　　　　　　　>> TIPS ⑭

（1）**排除法**：将额外变量从实验中**排除**出去。　　>> TIPS ⑮

控制要求特征和实验者效应的最佳办法就是采用双盲实验。

①**单盲实验**通常是指在一个实验中既不告诉被试在哪个处理组，也不告诉他们实验的性质。

②**双盲实验**是指主试和被试对正在使用的实验处理类型以及可能产生的效应类型都不知情，从而避免了主试、被试双方因为主观期望所引发的额外变量。

③完全排除额外变量是很困难的，且用排除法所得到的研究结果常常难于推广。

（2）**恒定法**：使额外变量在整个实验过程中**保持不变**。>> TIPS ⑯

①如果额外变量很难排除，可以考虑采用恒定法，即在同一实验室、由同一主试、在同一时间对实验组和控制组使用相同的实验程序进行实验。

②恒定法存在以下不足：一是实验结果不能推广到额外变量的

TIPS ⑪

要求特征可能导致"好被试"现象，即被试在实验过程中根据自己对实验目的的猜测，努力使自己的行为符合研究者的要求，让自己成为一个好被试。

TIPS ⑫

在教育情境中，约翰·亨利效应尤为普遍地存在于新、旧教学法的比较过程中。控制组中的教师和学生往往会把实验情境看成一种竞争或威胁，从而加倍努力，以证明自己的能力不亚于实验组的教师和学生，旧的教学法也不亚于新的教学法。

TIPS ⑬

在心理学实验中，许多实验是主试和被试共同操作完成的，如果主试立场不够中立，就会对被试的心理活动或反应产生不利影响。

TIPS ⑭

记忆口诀：一排二定三匹配，四随五消六控制。

TIPS ⑮

排除法示例：在做听觉实验时，实验者为了排除噪声的影响，把实验安排在隔音室中进行，这就直接排除了噪声的干扰。

其他水平上；二是自变量和被恒定的额外变量可能会产生交互作用。

（3）**匹配法**：使实验组和控制组中的<u>被试属性相等</u>。 » TIPS ⑰

①首先测量所有被试身上与实验任务高度相关的属性，然后依据测得结果进行分组。

②该方法的不足是被试特征难以完全匹配，在实际操作上有很大难度。

（4）**随机化法**：把被试<u>随机分派</u>到各处理组中。 » TIPS ⑱

①随机化法的逻辑：如果总体中的所有成员都有同等机会被抽取到任一处理组，那么可以期望所形成的各处理组的各种条件和机会均等，也即在额外变量上做到了匹配。随机化法一般适合于被试数目较多的情况。

②从理论上讲，随机化法是控制额外变量的<u>最佳方法</u>，它不会导致系统性偏差，能够控制难以观察的中介变量（如动机、情感、疲劳、注意力等）。随机化法不仅可以运用于被试，也可以运用于刺激呈现和实验顺序的安排。

③该方法的不足是实际实验中很难达到理论上的随机水平，因为个体差异广泛存在等。

（5）**抵消平衡法**：通过某些<u>综合平衡</u>的方法，使额外变量的效果<u>相互抵消</u>。 » TIPS ⑲

①对于实验中既不能消除也不能恒定的额外变量，如实验的顺序误差、空间误差、习惯误差、疲劳效应和练习效应等，通常采用抵消平衡法来处理。

②常见的抵消平衡法有 <u>ABBA 法</u>和<u>拉丁方设计法</u>。如果实验只有两种处理，一般采用 ABBA 法；如果实验有两种以上的处理，就采用拉丁方法。

（6）**统计控制法**：在实验完成后通过一定的统计技术来事后排除实验中额外变量的干扰。 » TIPS ⑳

一般可采用的统计控制法包括协方差分析、偏相关分析、剔除极端数据、分别加权等。

本节小结

变量是整个心理学实验中最核心的内容，研究总是围绕变量开展的，因此，对变量的有效设计是心理学实验的精髓。简单来说，对变量的设计主要依赖对自变量的操纵、对因变量的观测、对额外变量的控制 3 个方面。在选择自变量、因变量时，非常重要的一点是对其进行操作性定义。对于额外变量，根据其来源不同，就有不同的控制方法，在实际研究中我们更注重将多种方法结合使用，以此来提高额外变量的控制效果。

TIPS ⑯

恒定法示例：保持实验室光线、椅子的舒适程度、地毯的气味等额外变量始终不变，让所有被试都在相同的环境中完成实验任务。

TIPS ⑰

匹配法示例：探讨两种教学方法对高一学生学习成绩的影响，这时，教学方法是实验者感兴趣的变量，而学生的智力不是。智力作为额外变量之一，可通过匹配在智力上相似的两组被试来进行控制。

TIPS ⑱

目前的心理学实验可借助于 E-prime 等软件，通过编程在计算机上完成刺激和任务呈现的随机化。还有一种假随机方法：先按照随机化程序安排若干个试验的顺序，然后再对该顺序进行局部的、人为的调整，从而得到一个更恰当的试验顺序。

TIPS ⑲

抵消平衡法在思想上与随机化法相通，随机化法也可被用于平衡实验条件的序列效应。

TIPS ⑳

统计控制法是事后补救的方法，最好的方法还是事前对实验进行严格控制。

第四节　实验设计

知识点 1　实验设计概述 ★★★

1. 实验设计的含义

实验设计是进行科学实验前做的具体计划，主要用来控制实验条件和安排实验程序。其目的是细化研究过程，规范研究操作，为检验自变量与因变量之间的关系做出详尽的安排。

2. 实验设计的功能

①使研究变量的效果最好化：选择合适的自变量和因变量，通过合理的被试分组、实验材料的选择和分配，使研究变量的效果最好化。

②对额外变量进行有效控制：排除与研究目的无关的因素对实验结果的影响。

③使实验误差变异最小化：排除系统因素和随机因素引起的系统误差和随机误差，使实验误差变异达到最小。

3. 实验设计优劣的评价标准 » TIPS ①

①使实验结果有很高的可靠性（信度）。
②能够恰当地解决所欲解决的问题（效度）。
③能够恰当地控制实验中的无关变量。

4. 实验设计的基本术语

（1）因素、水平和实验处理 » TIPS ②

①因素：即自变量。两因素实验设计就是指两个自变量的实验设计。

②自变量水平：指一个自变量的取值。一个自变量有几个取值就有几个水平。

③实验处理水平/实验处理/处理水平/实验条件。

　a. 当只有一个自变量时，实验处理水平数＝自变量水平数。

　b. 当不止一个自变量时，实验处理水平数＝所有自变量水平数的乘积。

④实验设计表达方式：3（年龄：青年、中年、老年）×2（性别：男、女）被试间实验设计。

（2）主效应与交互作用 » TIPS ③

①主效应是指一个因素的独立效应，即由它的不同水平所引起的变异。有多少个自变量或因素就有多少个主效应，它是把某因素的一个水平同该因素的其他水平相比较，而不考虑其他因素。如果自变量水平为 3 个及以上，且主效应显著后，则需进一步进行事后

TIPS ①

关于信度、效度的更多介绍详见本章第五节部分，此处不再赘述。

TIPS ②

例如，某研究有两个因素：噪声强度（A）、任务难度（B）。其中：噪声强度分为 40 分贝（A1）、80 分贝（A2）两个水平；任务难度分为低（B1）、高（B2）两个水平。这样，该研究就包含了 2×2=4 种水平结合或处理结合，分别是 A1B1、A1B2、A2B1、A2B2。A1B1 代表的即 40 分贝、低任务难度的实验条件。

TIPS ③

主效应和交互作用不是互斥关系，交互作用显著的时候，主效应可以显著，也可以不显著。两因素的实验中，原则上先看交互作用是否显著，再看主效应是否显著。

比较。而当自变量只有两个水平时，直接报告每个水平下的均值和标准差就可以了。　　» TIPS ④

②交互作用反映两个或者多个因素的联合效应。当一个因素（A）对因变量的作用受到另一个因素（B）影响时，则表明两个因素之间存在交互效应，这为二重交互作用，一般写作 A×B；当一个因素（A）对因变量的作用受到另外两个因素（B 和 C）的影响时，则表明 3 个因素之间存在交互效应，这为三重交互作用，一般写作 A×B×C。

交互作用的个数 $=2^n-n-1$，其中 n 为自变量的个数。一般在交互作用图（如图 2-1 所示）中，两条线平行，说明两个自变量之间没有交互作用，即因素之间独立；两条线越不平行，代表自变量之间的交互作用越明显。　　» TIPS ⑤

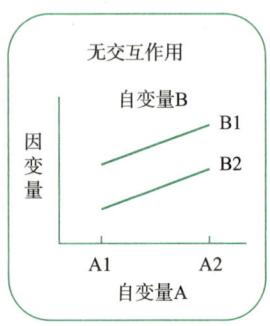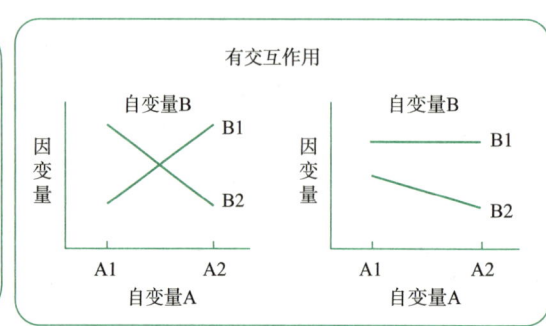

图 2-1　交互作用示意图

（3）简单效应和简单简单效应

当二重交互作用显著时，需要做简单效应分析。简单效应是指一个因素的不同水平在另一个因素的某个水平上的效应。实际上，简单效应分析是把其中的一个因素固定在某一特定水平上，考察另一因素对因变量的影响。具体固定哪个因素，考察哪个因素，取决于研究者更关注哪种条件下的差异。　　» TIPS ⑥

当三重交互作用显著时，需要做简单简单效应分析。简单简单效应是指一个因素的水平在另两个因素的水平结合上的效应。实际上，简单简单效应分析是把其中两个因素固定在各自的某一特定水平上，考查第三个因素对自变量的影响。　　» TIPS ⑦

（4）处理效应

处理效应指总变异中由自变量所引起的那部分变异。前文介绍的主效应、交互效应、简单效应、简单简单效应都属于处理效应。

5. 实验设计的类型

（1）依据自变量的多少划分

①单因素设计：实验中只有一个自变量。

TIPS ④

例如，在噪声强度和任务难度对反应的影响中，包含 2 个主效应，即噪声强度、任务难度的主效应。噪声强度的主效应告诉我们，40 dB 条件下的成绩和 80 dB 条件下的成绩有显著差异，而不管任务难度如何。

TIPS ⑤

交互作用就是多个自变量在交互，互相影响对方。例如，在噪声强度和任务难度对反应的影响中，包含 1 个交互作用，即噪声强度 × 任务难度的交互作用。这种交互作用可表现为：在低难度任务的条件中，噪声强度对成绩影响显著；在高难度任务的条件中，噪声强度对成绩无显著影响。

TIPS ⑥

例如，在噪声强度和任务难度对反应的影响实验中，如果更关注噪声强度，则可以检验在 B1（低任务难度）水平上，A1（40 dB）和 A2（80 dB）之间的反应差异，以及在 B2（高任务难度）水平上，A1 和 A2 之间的反应差异；如果更关注任务难度，则可以反过来固定 A 因素。

TIPS ⑦

例如，如果噪声强度（A）、任务难度（B）、有无竞争（C）的三重交互作用显著，研究者更关注噪声强度的话，可以分别检验在 B1C1、B1C2、B2C1、B2C2 的水平结合上，A1 和 A2 的反应差异。

②**多因素**设计：实验中有**两个或两个以上自变量**。

相对于单因素设计，多因素设计具有以下优点：可以同时考察多个因素对因变量的影响，研究问题更符合实际情况；可以考察变量间的交互效应和简单效应对因变量的影响；实验效率更高。

（2）依据被试参与处理的水平数划分　　　　　　　》TIPS ⑧

①**被试间**设计：每个被试只接受一个实验处理水平。

②**被试内**设计：每个被试都接受所有实验处理水平。

③**混合**设计：实验中有两个及以上的自变量，其中至少有一个是被试内变量，且至少有一个是被试间变量。

（3）依据对变量的控制程度划分　　　　　　　　　》TIPS ⑨

①**非实验（前实验）**设计：不可以对自变量进行操纵，一般对实验环境及其他方面的因素或变量也**不需要进行严格控制**。

②**准实验**设计：可以对自变量进行一定程度的操纵，并对额外变量进行**一定的控制**。

③**真实验**设计：可以对自变量进行随机化操作，对额外变量进行**严格控制**。

非、准、真实验的主要区别如表 2-1 所示。

表 2-1　非、准、真实验的主要区别

实验设计类型	被试随机取样	额外变量控制	实验场所
非实验设计	不可以	不需要进行严格控制	自然环境
准实验设计	不可以	进行一定程度的控制	自然环境
真实验设计	可以	进行严格控制	实验室环境

知识点 2　被试间设计、被试内设计和混合设计　★★★　》TIPS ⑩

1. 被试间设计

（1）含义

被试间设计又称**组间设计**，是**每个被试只接受一种实验处理**的设计。将被试随机分配到不同的自变量或自变量的不同水平上，各自独立地在不同的处理条件下接受因变量的测量。

（2）优点

每个被试只需参与一种实验处理，因此各实验处理间不会相互污染，也避免了练习效应和疲劳效应。

（3）缺点

①**存在个体差异**。由于接受不同处理的总是不同的个体，无法从根本上排除个体差异对实验结果的混淆。

关于被试间设计、被试内设计、混合设计的更详细介绍见本节"知识点 2"部分。

非、准、真 3 种实验设计的主要区别在于对额外变量的控制程度不同。真实验设计对额外变量控制得充分，但准实验、非实验设计的生态效度更高，因此真实验设计并不能完全取代准、非实验设计。

根据研究者对自变量的操纵方式，可将自变量分为被试间变量、被试内变量。典型的被试间变量有性别、年龄、年级等。若所有变量都为被试间变量，则实验设计为被试间设计；若所有变量都为被试内变量，则实验设计为被试内设计；若实验中既包含被试间变量，又包含被试内变量，则实验设计为混合设计。

②由于每个被试只参与一种实验处理，所需被试数量大。

③研究效率低。每次实验从每个被试上只能获得一个数据，当需要收集大量数据时，就需要大批被试，从而降低了实验研究的效率。

④对实验处理效应不敏感。由于不同实验条件下的被试不同，因此在分析实验处理的效应时，增大了误差变异项，不容易达到较高的显著性水平，从而使实验处理效应被掩盖。

（4）改进方法　　　　　　　　　　　　　» TIPS ⑪

①匹配：将被试按某一个或几个特征上水平的相同或相似加以配对，然后把每一对中的每个被试随机分配到各个组别。具体操作是，先对所有被试进行前测，然后根据前测的分数进行匹配。

匹配法的局限：匹配往往是不完全的；匹配法往往费时耗力；匹配变量间可能存在交互作用；匹配法需要谨防回归假象。

②随机化：把被试随机地分配到不同的组内接受不同的自变量处理。具体操作如下。

a. 同时分配法。当被试同时等候，实验者可随意调派其中任何一个被试时，可以采用同时分配法。该分配法主要有3种技术：抽签法、笔画法、报数法。

b. 次第分配法。当实验持续时间较长或由于其他原因，被试到达实验室的时间不一致时，可以采用次第分配法。该分配法有两种技术：简便法、区内随机法。

采用随机方式进行分组，无法精确地控制不同组间的被试差异，很多时候研究者无法清楚地意识到哪些变量得到了控制，因而也就无法确定这种控制的效果到底如何。

2. 被试内设计

（1）含义

被试内设计又称组内设计，是每个被试接受所有的实验处理水平的设计。其基本原理是：让每个被试参与所有的实验处理，然后比较相同被试在不同处理下的行为变化。由于被试的行为需要重复测量，所以被试内设计也被称为重复测量设计。

（2）优点

①不存在个体差异的影响。由于每个被试接受所有的实验处理，因而不同实验条件下实验结果的差异不能归结为被试间的差异。

②有利于计算累积效应。由于组内设计需要对被试进行重复测量，存在累积效应，因此它常被用于研究练习的阶段性，如练习次数对学会英文单词的影响。

③节省被试。可从同样的被试身上获得几种不同的数据。

TIPS ⑪

匹配和随机化也只能改善被试间设计的缺陷，无法从根本上排除个体差异。另外，随机并不等同于随意和随便，它是以无偏向的方式分配被试。

（3）缺点　　　　　　　　　　　　　>> TIPS

①不同实验处理之间可能会相互污染。被试一旦接受了自变量某个水平的处理之后，就不可能再变为接受处理前的状态，接受实验处理后会产生不可逆转的改变。

②被试接受的不同自变量水平的处理之间总会存在时间间隔，因此需要努力防止在此间隔内偶然发生的事件对实验结果的影响。

③由于被试先后接受不同处理，因此一些和时间顺序有关的误差可能混淆进来，表现为练习效应和疲劳效应。

a. 练习效应：被试由于多次重复同样的实验任务，反应速度加快和准确性逐步提高的现象。

b. 疲劳效应：由于多次重复实验，被试的疲劳或厌倦情绪随实验进程逐步增强，导致被试的反应速度逐渐减慢和其准确性逐步降低。

（4）可能出现的混淆因素　　　　　　>> TIPS

①位置效应。如果实验中某个处理只在特定位置出现，那么这种序列位置产生的效应就会与处理本身的效应混淆。实验处理所处的序列位置会影响被试的反应，这就是位置效应。

②延续效应。延续效应指在实验的进展过程中，前一阶段的处理会对后一阶段的处理产生影响。

③差异延续效应。差异延续效应指前一阶段的处理影响后一阶段的处理效果的情形，不过与延续效应不同的是，差异延续效应的影响还取决于先出现的是何种处理。也就是说，被试会根据先前处理的不同来区别对待后续处理。

（5）改进方法——平衡设计　　　　　>> TIPS

平衡设计是为了消除或减少实验顺序效应，采用的一些系统改变实验处理呈现顺序的技术。平衡设计的逻辑是：既然实验处理的位置（顺序）所产生的效应会与实验处理本身的效应相混淆，那么只要在实验中安排被试在所有顺序下接受处理，就可以将各处理下结果的差异归因于自变量而非处理顺序了。

常用的两种平衡设计技术是 ABBA 设计和拉丁方设计。

① ABBA 设计：适用于自变量水平为两个（A、B）的情况。实验中，所有被试都按照 ABBA 的顺序接受 4 次实验处理。ABBA 设计在理论上能有效平衡呈线性系统变化的时间顺序误差。

②拉丁方设计：每个自变量或实验处理都能同等地出现在顺序的每个位置的一种设计类型。尽管它不能将所有可能的实验顺序完全平衡，但是它能保证不同的实验处理所受顺序效应的影响均等。当自变量的水平超过两个时，拉丁方设计是较为常见的平衡设计技术。

正因为被试内设计存在这些缺点，它在心理学的某些领域中（如学习、记忆、情绪等）较少使用。你总不能告诉被试说，"好吧，现在请忘掉刚才让你记住的 10 个单词吧"或"请再变回到看这段影片之前的情绪中去吧"。

①位置效应：某实验想比较 A、B 两种可乐的口感，让所有被试先品尝 A，再品尝 B，结果大部分被试都喜欢 A。但此时无法确认这种偏爱是由可乐的口味，还是刺激呈现的顺序导致的，因为被试有可能因为先尝到可乐 A 而更喜欢它。

②延续效应：练习、疲劳效应都属于延续效应的一种。

③差异延续效应：某实验想考察重复次数对单词学习效果的影响，让所有被试先接受 5 次重复再接受一次重复。当被试进行一次重复时，可能会由于已经有了重复 5 次学习的经验，而在实验要求的一次重复之后再私自重复 4 次，从而削弱自变量两个水平间的差异。

位置效应、延续效应和差异延续效应都可以用平衡设计技术加以控制。如果我们确定差异延续效应会产生，那么除了使用平衡设计技术之外还应在两种处理方式之间保持足够长的时间间隔。

假设某一实验中有 n 种实验处理,建立拉丁方的步骤为:先把被试尽量分成数量相等的 n 组,使被试组数和实验处理数目相等,接着看自变量的水平数是奇数还是偶数。

a. 当实验处理数目为**偶数**时

拉丁方第一行的建立公式为:1、2、n、3、$n-1$、4、$n-2$。其中,1 代表第 1 种实验处理,2 代表第 2 种实验处理,n 代表实验处理的总数,3 代表第 3 种实验处理,……。当第一行明确以后,对于每一列,只要按顺序从小到大写出即可,当遇到 n 时,就从 1 开始按从小到大的顺序写出。下面以一个有 6 种实验处理的拉丁方设计为例进行说明,如图 2-2 所示。

被试	实验处理的顺序					
	第1种	第2种	第3种	第4种	第5种	第6种
a	1	2	6	3	5	4
b	2	3	1	4	6	5
c	3	4	2	5	1	6
d	4	5	3	6	2	1
e	5	6	4	1	3	2
f	6	1	5	2	4	3

图 2-2　6 种实验处理的拉丁方设计

依据第一行的建立公式,被试 a 按照 1、2、6、3、5、4 的顺序进行实验。被试 b 的顺序则在第一种顺序上加 1,遇 n 改 1,即被试 b 按照 2、3、1、4、6、5 的顺序进行实验。其他被试的顺序依次类推。

b. 当实验处理数目为**奇数**时

需使用**两个方阵**,第一个方阵的建立方法与实验处理数目为偶数时相同,第二个方阵与第一个方阵成镜像。这样,每组被试都要接受每种实验处理两次。下面以一个有 5 种实验处理的拉丁方设计为例进行说明,如图 2-3 所示。

被试	实验处理的顺序									
	第一个方阵					第二个方阵				
	第1种	第2种	第3种	第4种	第5种	第1种	第2种	第3种	第4种	第5种
a	1	2	5	3	4	4	3	5	2	1
b	2	3	1	4	5	5	4	1	3	2
c	3	4	2	5	1	1	5	2	4	3
d	4	5	3	1	2	2	1	3	5	4
e	5	1	4	2	3	3	2	4	1	5

图 2-3　5 种实验处理的拉丁方设计

在第一个方阵中,依据第一行的建立公式,被试 a 按照 1、2、5、3、4 的顺序进行实验。在第二个方阵中,被试 a 的顺序与第一个

TIPS 15

在实验处理数目为奇数的情况下,需要使用两个对称方阵的原因是:在第一个方阵中,虽然可以让每种处理在每个位置都出现相同次数,但还无法做到让每种处理都在其他处理的前后各出现一次(实验处理数目为偶数中就可以做到,如有 12 就有 21)。所以,在排列中,需要镜像再操作一遍,这样才是真正的平衡。

方阵呈镜像翻转，即第二个方阵中按照4、3、5、2、1的顺序进行实验。

为了保证拉丁方设计真正起到平衡时间顺序误差的作用，有多少种拉丁方设计的排列方式，就必须有多少个（或组）被试，或被试（组）的数量必须是排列顺序的倍数。当样本容量较小时，拉丁方设计是一种较好的平衡顺序效应的实验设计方法。

3. 混合设计　　》TIPS ⑯

（1）含义

混合设计是指在一个实验设计中既有被试内自变量，又有被试间自变量，它也是重复测量实验设计的一种形式。

（2）基本模式　　》TIPS ⑰

下面以一个2×3的两因素混合设计为例，简要介绍混合设计的基本逻辑。

在一个2×3两因素混合设计中，A因素是被试间变量，有A1、A2两个水平。B因素是被试内因素，有B1、B2、B3 3个水平。

实验中将被试随机分为两组：一组被试接受A1水平与B因素的所有水平的结合，即该组的每个被试都接受A1B1、A1B2和A1B3的处理；另一组被试接受A2水平与B因素的所有水平的结合，即组中每个被试接受A2B1、A2B2和A2B3的处理。

（3）优点

①由于其中有自变量是被试内因素，因此混合设计在一定程度上减少了个体差异可能造成的实验误差。

②由于有自变量是被试间因素，每个被试不至于接受实验处理次数过多，因此混合设计减少了疲劳、练习等效应带来的问题。

③与被试间设计相比，混合设计可以节省被试。

4. 总结

被试间、被试内和混合设计的特点、主要缺点和改进办法如表2-2所示。

表2-2　被试间、被试内和混合设计的特点、主要缺点和改进办法

实验设计类型	特点	主要缺点	改进办法
被试间设计	每个被试只接受一种实验处理	存在个体差异，所需被试量大等	匹配、随机化
被试内设计	每个被试接受所有实验处理	不同实验处理之间可能会相互污染，存在位置效应、延续效应（练习效应、疲劳效应）、差异延续效应等	平衡设计（ABBA设计、拉丁方设计）
混合设计	既有被试内变量，又有被试间变量		

两因素混合设计也称"重复测量一个因素"的两因素设计，即包含1个被试内变量。三因素混合设计则分为两种：一种为"重复测量一个因素"的三因素混合设计，即只包含1个被试内变量；另一种为"重复测量两个因素"的三因素混合设计，即包含2个被试内变量。

被试数的计算方法：被试数=被试间变量的水平数×每一个实验处理需要的人数。若在不同实验设计中，每个实验处理都至少需要30名被试。那么：在2×3的两因素混合设计中，已知被试间变量有两个水平，被试数=2×30=60；在两因素被试间设计中，已知每个变量有两个水平，被试数=4×30=120；在两因素被试内设计中，总共只需要一组被试，被试数=30。

知识点 3 非实验设计与事后设计 ★

1. 非实验设计

非实验设计又称前实验设计，是一种对现象的自然描述，一般用于识别和发现自然存在的临界变量及其关系，它可以为进一步实施更严格的实验设计积累资料。但在使用这种实验设计时，往往不易采取随机化原则分配被试，而且也不易主动地控制自变量和其他额外变量。

非实验设计主要包括单组后测设计、单组前测后测设计、固定组比较设计。

（1）单组后测设计　　　　　　　　　　　　　>> TIPS ⑱

①含义

在单组后测设计中，只有一个实验组，对实验组只给予一次实验处理，然后通过测量得到一个后测成绩。其基本模式为

$$X \quad O$$

其中，X 表示实验处理；O 表示观测值。

②优点

操作便捷，所需的被试人数不多。

③缺点

a. 没有对照组比较，只能描述观察到的结果，不能与对等控制组进行比较。

b. 没有前测，失去了与前测成绩进行比较的依据。

c. 没有考虑对机体变量、自变量和其他无关变量的控制，容易出现自变量混淆。

d. 很难排除历史、选择和成熟等作用的影响。

（2）单组前测后测设计　　　　　　　　　　>> TIPS ⑲

①含义

选择一组被试，先进行前测，得到测量值为 O_1，然后进行实验处理，随后测量实验处理的效果为 O_2。其基本模式为

$$O_1 \quad X \quad O_2$$

其中，O_1 表示前测值；X 表示实验处理；O_2 表示后测值。

②优点

a. 前测可以提供被试的基线数据以及某些有关信息。

b. 只用了一个实验组，自身兼做控制组，通常便于估计个体态度对实验效果的影响。

③缺点

a. 很难控制历史、成熟等作用的影响。

b. 前测可能对后测的内容或形式产生影响。

例如，在初一的数学教学中，为配合常规课堂教学，学校组织了数学课外辅导讲座，结果老师观察到学生的数学成绩提高了。但我们并不能据此得出"数学课外辅导讲座能提高学生的数学成绩"的结论。

例如，使用单组前测后测设计考察咨询和辅导对低成就学生的态度和成就的影响。在开始咨询和辅导前，对学生进行一次前测，然后在经过10周的咨询和辅导后，对学生进行一次后测，结果发现学生的态度等级分数有明显的改变。

（3）固定组比较设计　　>> TIPS ⑳

①含义

选择在研究之前已经形成的两个原有整组，仅对其中一组被试施加实验处理，然后对两组进行后测比较。其基本模式为

$$\begin{array}{cc} X & O_1 \\ \hline & O_2 \end{array}$$

其中，虚线表示上、下两组均为固定组，不能随机选择和分配两组；X 表示实验处理；O_1 表示实验组的反应效果；O_2 表示控制组的反应效果。

②优点

a. 使用了控制组，可以对历史和成熟因素进行控制。

b. 没有前测，能控制测验效应和仪器因素的干扰。

③缺点

a. 对选择这一因素缺乏控制。研究者不能在随机化基础上选择和分配对等组，不能判断两固定组是不是对等组或差异有多大。

b. 可能存在选择与成熟的交互作用、选择与处理的交互作用，影响实验的效度。

2. 事后设计　　>> TIPS ㉑

（1）含义

事后设计又称事后回溯设计，是在所研究的事件发生之后对其发生的原因进行追溯。这种设计既不能操纵、控制自变量，也不能随机分配被试。其基本模式为

$$\text{Ⓧ} \quad O$$

其中，Ⓧ 表示自变量或实验处理，是研究者不能操纵或改变的；O 表示观察到的结果。

（2）两种类型——相关研究设计和准则组设计

①相关研究设计　　>> TIPS ㉒

相关研究设计是在一个被试组内收集两个集合的数据，其中一个数据集合是观察到的结果，另一个数据集合则是被追溯的数据集合，研究的目的是确定这两个数据集合之间的关系。其基本模式为

$$O_1 \quad O_2$$

该实验设计可以粗略反映两个变量之间的关系，但由于无法对自变量进行操纵和对额外变量进行控制，所以无法得出因果关系。

②准则组设计　　>> TIPS ㉓

准则组设计是对已经发生的事件进行研究，要求研究者通过对所研究现象的被试的比较，确定一些被试（准则组）具有一种状态的特征，而另一些被试（非准则组）不具有这种状态的特征，然后

TIPS ⑳

例如，为探讨学习反馈与学习效果之间的关系，研究者选择某中学初一的两个班级进行研究，在同样一学期的时间里，一个班级的教师对学生进行反馈，另一个班级的教师对学生不进行反馈，一学期后比较两个班级学生的学习效果。

TIPS ㉑

在朱滢的《实验心理学》教材中，将事后设计归为非实验设计中；而白学军、周爱保所写的教材中则将其归为准实验设计中。建议读者按照考研目标院校的参考书表述进行记忆。

TIPS ㉒

例如，探讨学习动机与学习成绩之间的相关，可从某中学随机选出 100 名学生，用成就动机量表测量出每个被试的动机强度得分（观察到的结果），然后把每个被试本学期考试成绩的平均分作为学习成绩的指标（被追溯的数据集合），进而考查学习动机和学习成绩之间的关系。

TIPS ㉓

例如，可利用准则组设计来调查对教学效果产生积极影响的因素。O_1 表示一组教师在教学中有相当出色的教学效果，O_2 表示没有展示出准则组的特征（教学效果较差），然后去追溯引起差异的原因（教学方法、教师的个性和业务水平等）。

去追溯可能存在的原因。其基本模式为

$$\begin{array}{c} X \quad O_1 \\ \overline{} \\ O_2 \end{array}$$

其中，X表示研究者所要追溯的产生准则组特征的原因；O_1表示具有某种特征的准则组的效果；O_2表示没有展示出准则组特征的效果。

（3）优缺点

①优点

a. 可对自然条件下出现的事件或各种学习现象进行时间上的追溯，以了解这些现象产生的原因和发生的条件。

b. 特别适用于研究简单的因果关系问题。

c. 可为提出研究假设提供充足的论据。

d. 不需要人为作用的介入。

e. 当不能采用严格的实验设计时可考虑该设计。

②缺点

a. 缺乏控制，不能操纵自变量或随机分配被试。

b. 追溯到的原因（因素）可能有多个。

c. 两个有关系的因素可能并不存在因果关系，可能存在第三因素。

知识点 4　准实验设计 ★★

准实验设计是在相对自然的情境下完成的，它**比非实验设计对额外变量的控制更为严格**，因此能够更明确地揭示自变量和因变量之间的相关关系和因果关系。与真实验设计（详见知识点5）相比较，准实验设计的实验情境更接近生态化的自然情境，因此得出的**研究结果具有较高的外部效度和可推论性**，更能客观地解释真实情景下人的心理和行为反应。所以，准实验设计在一定程度上兼具了非实验设计和真实验设计的优点。准实验设计包括单组准实验设计和多组准实验设计。

1. 单组准实验设计

在心理学研究中，研究者有时会因条件的限制和问题的性质而无法采用控制组，从而选取单组准实验设计进行研究。

（1）时间序列设计　　　　　　　　　　　　　　　　》TIPS ㉔

①含义

时间序列设计是指对一组被试进行**一系列周期性测量**，并在测量的时间序列中**引进实验处理（X）**，然后**比较其后的测量与之前的测量**，从而推断实验处理是否产生了效果。其基本模式为

$$O_1 \quad O_2 \quad O_3 \quad O_4 \quad X \quad O_5 \quad O_6 \quad O_7 \quad O_8$$

从这个模式可以看出，时间序列设计是**只有一个实验组**的单组

例如，某教师先使用旧教学法，前五周每周对学生测验，然后在第五周改用新教学法，后五周依然每周对学生进行测验。对比前五周和后五周的测验结果，从而判断新教学法是否产生效果。

设计，没有控制组，要求对实验组进行周期性的系列前测和系列后测。根据研究内容和目的不同来确定实验处理前、后的观测次数，并且实验处理前、后的观测次数也可以不同。理想的状态是观测次数尽可能多，但也要考虑到被试的状态和实验可操作性等。

②优点

a.可较好地控制成熟因素对内部效度的影响。

b.可有效控制测验因素的干扰。由于每个被试的成绩都是经过反复测验而得到的一系列结果，这样就能够降低由于只做一次测验而出现有偏样本成绩的概率。

c.可控制统计回归的因素。但如果在实验处理前的几个测量数据属于极端数据，也会出现统计回归因素对实验效度产生影响的情况。

③缺点

a.没有控制组，不能控制与实验处理同时发生的偶发事件的影响，不能排除那些与自变量同时出现的附加变量的影响。

b.作为影响实验外部效度的因素，测验与处理 X 的交互作用不易受到充分控制。

c.多次实施前测验往往会减少或增加被试对实验处理的敏感性，从而在被试身上产生作用而影响实验处理后的成绩。

（2）相等时间样本设计　　　» TIPS ㉕

①含义

相等时间样本是指对一组被试连续抽取多个相等的时间样本，即选择完全相等的多个时间段，在其中的一个时间样本中实施实验处理，而在后续的另一个时间样本中不实施实验处理，并通过对两个时间样本的观测分数之间的差异分析来判断实验处理效果的准实验设计。也就是对单一被试组进行无实验处理条件下的观测和有实验处理条件下的观测，两种观测条件安排的时间取样具有一致性。其基本模式为

$$X_1O_1 \quad X_0O_2 \quad X_1O_3 \quad X_0O_4$$

其中，O_1、O_3 表示接受实验处理（X_1）后的测验结果，O_2、O_4 表示接受常规安排（X_0）后的测验结果。

②优点

a.能较好控制历史因素对内部效度的影响，被广泛应用于研究不同条件下学生学习的效应。

b.能较好控制成熟因素的影响。

③缺点（主要体现在对外部效度的影响上）

a.采用单组设计，实验处理后再重复进行做过的测验，可能会增加或减少实验处理的敏感性，使实验结果的推广受到限制。

b.由于不同的实验处理实施于同一组被试，这些实验处理可能

TIPS 25

例如，一位教师想研究反馈对学生学习的作用。他每周要求学生完成一篇作文，第一个月对学生有反馈（X_1O_1）、第二个月对学生没有反馈（X_0O_2）、第三个月对学生有反馈（X_1O_3）、第四个月对学生没有反馈（X_0O_4），这样就形成了相等时间样本设计的基本模式。

会使被试产生新异感,使他们很容易知道自己在接受实验(霍桑效应),从而影响实验结果的可推广性。

c. 由于只采用一个被试组,选择偏差与实验变量的交互作用可能会影响实验的外部效度。也就是说,在选择被试时有可能出现选择偏差,出现被试取样与实验处理之间的交互作用;

d. 实验的重复进行会产生一系列的顺序效应,使得实验结果不易被推广。

2. 多组准实验设计

在心理学研究中,为使实验结果尽量少受无关因素的干扰,使实验结果具有较高的可靠性,在条件允许的情况下应该采用多组准实验设计,即包括实验组、控制组存在的实验设计。

(1)不相等实验组控制组前测后测设计　　》TIPS ㉖

①含义

不相等实验组控制组前测后测设计可以简称不等对照组前后测设计,其具有一个实验组和一个控制组,实验组接受处理,实验组和控制组均进行前测和后测。其特点是不能按随机化原则和等组法来选择对等组,有时也不能随机安排哪个为实验组、哪个为控制组。其基本模式为

$$\begin{array}{ccc} O_1 & X & O_2 \\ \hline O_3 & & O_4 \end{array}$$

其中,虚线表示不能随机选择和分配两组,X 表示对实验组给予实验处理,O_1、O_3 表示对实验组、控制组都进行前测,O_2、O_4 表示对实验组和控制组都进行后测。

②优点

a. 由于增添了控制组,所以基本上就可控制历史、成熟、测验等因素对实验的干扰。

b. 由于两组都有前测,所以可以了解实验处理实施前的初始状态,从而初步控制选择因素。

③缺点

a. 由于没有使用随机化法来分配被试或实验处理,所以实验组与控制组是不对等的,因而选择与成熟、选择与实验处理的交互作用可能会降低实验效度。

b. 由于两组都有前测,所以实验结果不能被直接推广到无前测的情境中去。

(2)不相等实验组控制组前测后测时间序列设计　　》TIPS ㉗

①含义

不相等实验组控制组前测后测时间序列设计可简称不等对照组

TIPS ㉖

例如,研究者想研究不同的教学方法对学生学习成绩的影响。实验前,所选择的教学班是两个现成的班级,不可能因为实验而将两个班拆散后再随机分组。所以,研究者只能随机将一个班作为实验组,将另一个班作为控制组。实验组实施的是新教学法,控制组实施的是传统教学法。分别对两组被试都进行前测、后测,这样就构成了不相等实验组控制组前测后测设计。

TIPS ㉗

例如,研究者想考察学生对"0"的概念的理解。他们在一所学校选择了两个数学成绩较为接近的班级,将其分别作为实验组和控制组。研究者编制了4份试卷,以考察"0"的概念和相关运算等问题为主,每隔1周对两组学生同时进行前测。接着,研究者对实验组学生进行2节课的辅导,再编制4份与前测等价的试卷,每隔1周对两组学生进行后测。

前后测时间序列设计，是在**单组时间序列设计、不相等实验组控制组前测后测设计**的基础上组合而成的。其基本模式为

$$\begin{array}{c} O_1 \quad O_2 \quad O_3 \quad O_4 \quad X \quad O_5 \quad O_6 \quad O_7 \quad O_8 \\ \overline{O_9 \quad O_{10} \quad O_{10} \quad O_{12} \qquad O_{13} \quad O_{14} \quad O_{15} \quad O_{16}} \end{array}$$

其中，X 表示对实验组给予实验处理；$O_1 \sim O_4$ 表示实验组在处理前的一系列观测成绩；$O_5 \sim O_8$ 表示实验组在接受处理后的一系列观测成绩；$O_9 \sim O_{12}$ 表示在对实验组进行前测的同时，对控制组同时观察所获得的观测成绩；$O_{13} \sim O_{16}$ 表示在对实验组进行后测的同时，对控制组同时观察所获得的观测成绩。

②优点

结合了两种设计的特点，**基本上控制了历史、成熟、测验、选择与成熟的交互作用等因素**对实验结果的影响。

③缺点

测验的反作用效果、选择偏差与实验处理的交互作用可能会影响实验的外部效度。

知识点 5 真实验设计 ★★

真实验设计对实验条件的控制程度要求较高，实验者**能有效地操纵实验变量，能在随机化原则基础上选择和分配被试**，从而使实验结果更能客观地反映实验处理的作用。

1. 完全随机单因素设计

完全随机单因素设计又叫简单随机化设计，是指用随机化方法将被试随机分为几组，然后依据实验目的对各组被试随机实施不同处理。

（1）随机实验组控制组前测后测设计　　　》TIPS ㉘

①含义

随机实验组控制组前测后测设计是指在实验前，采用**随机分配**的方法将被试分为两组，并随机选择**一组为实验组，让其接受实验处理，选择另一组为控制组，不给予其实验处理**。其基本模式为

$$\begin{array}{cccc} R & O_1 & X & O_2 \\ R & O_3 & & O_4 \end{array}$$

其中，R 表示采用随机化法分配被试和实验处理，X 表示实验处理，O_1 和 O_3 表示在实验前对两组被试进行前测的成绩，O_2 和 O_4 表示后测成绩。

②优点（主要体现在**对内部效度的影响**上）

a. 由于采用随机化法将被试分为两组，所以控制了选择、被试的中途退出、选择与成熟的交互作用的干扰。

b. 由于安排了实验组和控制组，所以控制了历史、成熟、测验、

TIPS ㉘

例如，研究者想考察教学如何影响学生根据标题预测内容的能力。研究者随机抽取 46 名初一的学生，随机将其分配为两组，并随机指定其中一组为实验组，让其接受 3 周的标题阅读教学，同时指定另一组为控制组，让其接受 3 周的常规阅读教学。然后研究者分别对两组被试进行前后测，即构成了一个随机实验组控制组前后测设计。

仪器使用等因素的影响。

③缺点（主要体现在对外部效度的影响上）

前测获得的经验可能对后测产生敏感性，出现测验的反作用效果，导致对实验外部效度产生影响。

(2) 随机实验组控制组后测设计　　》TIPS ㉙

①含义

随机实验组控制组后测设计是为了克服前测对外部效度的影响，去掉前测而形成的一种实验设计。其基本模式为

$$R \quad X \quad O_1$$
$$R \quad \quad O_2$$

其中，R表示采用随机化法分配被试和实验处理，X表示实验处理，O_1和O_2表示后测成绩。

②优点

a. 由于具有对照组，所以控制了历史和成熟因素对内部效度的影响。

b. 由于实验是在同等条件下进行的，所以控制了选择和被试中途退出等影响内部效度的因素。

c. 由于没有前测，所以控制了测验与实验处理的交互作用对外部效度的影响。

d. 由于采用了随机化原则，所以控制了所有选择变量可能产生的偏向，该设计是理想的实验设计。

(3) 随机多组后测设计

①含义

随机多组后测设计用于实验处理水平在3个或3个以上的研究。其基本模式为

$$R \quad X_1 \quad O_1$$
$$R \quad X_2 \quad O_2$$
$$R \quad X_3 \quad O_3$$

其中，R表示采用随机化法分配被试和实验处理，$X_1 \sim X_3$分别表示3种实验处理，$O_1 \sim O_3$分别表示3种实验处理的后测成绩。

②优点

相比于随机实验组控制组后测设计，随机多组后测设计仅在实验处理的个数以及相应的被试组数上有所增加，所以也是理想的实验设计。

(4) 所罗门四组实验设计　　》TIPS ㉚

①含义

所罗门四组实验设计是指将被试随机取样，并将其随机分组，

TIPS ㉙

例如，研究者想考察数学自学辅导教学与传统课堂教学的效果差异。随机选择了北京市若干所学校，并将从小学升入中学的学生随机分为两班，并随机选择其中一个班为实验组，对其采用数学自学辅导教学，选择另一个班为控制组，对其采用传统课堂教学。教学时间均为一个学期，然后研究者对两组进行后测。

TIPS ㉚

所罗门四组实验设计属于被试间设计。它具有2个实验组和2个对照组，且每组被试分别只接受一种实验处理。

选择两组为实验组，另两组为控制组。在实验组中，一组有前测，另一组无前测；在控制组中，一组有前测，另一组无前测。这实际上是结合随机实验组控制组前测后测设计、随机实验组控制组后测设计而形成的。其基本模式为

$$R \quad O_1 \quad X \quad O_2$$
$$R \quad O_3 \quad \quad O_4$$
$$R \quad \quad X \quad O_5$$
$$R \quad \quad \quad O_6$$

其中，R 表示采用随机化法分配被试和实验处理，X 表示实验处理，O_1 和 O_3 表示前测成绩，O_2、O_4、O_5、O_6 表示后测成绩。

②优点

a. 兼具随机实验组控制组前测后测设计、随机实验组控制组后测设计的优点。

b. 对额外变量的控制较为完善，不但可以确认实验处理的效果，而且可以分析前测效应、前测和实验处理的交互作用。

③缺点

所选被试较多，实验经费较高，一般不轻易使用。

2. 完全随机多因素设计 >> TIPS ㉛

（1）含义

完全随机多因素设计又称完全随机析因设计，其在实验中有两个或两个以上的因素（自变量），并且每个因素至少有两个水平，各因素的各个水平互相结合，构成了多种组合处理的实验设计。如果依据实验中所包含因素的数目来划分，它可分为完全随机两因素设计、完全随机三因素设计等。

（2）基本模式

下面以 3×2 的完全随机两因素实验设计为例，来说明完全随机多因素设计的基本模式：

$$R \quad X_{a1} X_{b1} \quad O_1$$
$$R \quad X_{a1} X_{b2} \quad O_2$$
$$R \quad X_{a2} X_{b1} \quad O_3$$
$$R \quad X_{a2} X_{b2} \quad O_4$$
$$R \quad X_{a3} X_{b1} \quad O_5$$
$$R \quad X_{a3} X_{b2} \quad O_6$$

其中，R 表示采用随机化法分配被试和实验处理，$X_{a1} X_{b1}$、$X_{a1} X_{b2}$、$X_{a2} X_{b1}$、$X_{a2} X_{b2}$、$X_{a3} X_{b1}$、$X_{a3} X_{b2}$ 表示 6 种实验处理，$O_1 \sim O_6$ 表示后测成绩。

上述的 3×2 完全随机两因素实验设计中，有两个因素（自变量），其中 A 因素有 3 个水平（$a1$、$a2$、$a3$），B 因素有 2 个水

在完全随机多因素设计中，被试数 = 处理水平 × 每一种处理需要的人数。

平（b1、b2），因此实验处理数共有3×2=6种，交互作用有1个（A×B），主效应有2个（A、B）。如果每种处理需要30名被试，则共需要3×2×30=180名被试。

（3）评价

在完全随机多因素设计中，研究者可以考察各个自变量的交互作用对因变量的主要影响效应（交互作用）、各自变量对同一因变量的主要影响效应（主效应），以及一个因素的各个水平在另一个因素各个水平上的效应（简单效应），因此完全随机多因素设计具有很大的实用价值。

3. 随机区组设计

（1）含义

区组是指在同一个实验组中或控制组中被试（通过"匹配"）按不同特质水平分成的小组。随机区组设计的目的在于使区组内的被试差异尽量减小，而区组之间的差异依据设计要求而定。设计原则是同一区组内的被试尽量"同质"。

（2）区组内的人数分配　　▶▶ TIPS ㉜

每一区组内被试的人数分配有3种情况，如图2-4所示。

①一个被试作为一个区组。

②每个区组内的被试人数是实验处理的整倍数。

③区组内以一个团体为单位。

总之，每一区组应该接受全部实验处理，每一种实验处理在不同区组中重复的次数也应该完全相同。

区组	处理1	处理2	处理3
区组1	S11	S12	S13
区组2	S21	S22	S23
区组3	S31	S32	S33

图2-4　随机区组设计的被试分配示例

注：S后的第一个数字代表区组，第二个数字代表实验处理。从被试的角度来看，每个区组有3名被试，3名被试随机接受了不同的实验处理；同时，从区组角度来看，每个区组又接受了所有的实验处理，只不过是区组内不同的人去完成不同的实验处理。

（3）评价

①优点

考虑了个体差异对实验结果的影响，并在统计分析时将这种影响从组内误差内分离出来，节省了大量的实验被试，省时省力。

TIPS ㉜

随机区组设计属于被试间设计还是被试内设计的问题，要根据每一区组内被试的人数分配的情况而定。对于情况①，可认为随机区组设计就是被试内设计。但要注意，在实际操作中，很少出现一个区组只有一个被试的情况。如果这样操作的话，随机区组设计的意义也就不存在了。对于情况②，可认为随机区组设计是被试间设计。对于情况③，需要分为两种情况：第一，不同团体作为不同区组，每个团体都接受全部的实验处理，此时随机区组可看作被试内设计；第二，每个区组内有几个团体，一个团体只接受一种实验处理，此时随机区组可看作被试间设计。

②缺点

a. 如果实验中含有许多处理水平，可能给形成同质区组、寻找同质被试带来困难。

b. 如果区组内被试差异较大，则研究的误差也会比较大。

c. 使用随机区组设计的前提假设是，实验中的自变量与无关变量之间没有交互作用，这在一定程度上限制了随机区组设计的应用。

知识点 6　小样本设计 ★

大样本研究适合以正常人为被试进行；某些特殊的被试个体较少，难以采用大样本研究，采用小样本甚至个案研究。

1. ABA 设计

A 表示治疗（矫正）前的基准状态，B 表示治疗后的状态，对行为的治疗是自变量。

2. 多基线设计

找到一个或若干个与所要研究的被试（或行为）接近的被试（或行为），在不同时间内引入同一自变量的处理（治疗）。

> **本节小结**
>
> 实验设计可以看作安排实验各种条件的方法，其目的在于消除或减少误差以确定自变量与因变量之间的关系。根据自变量的多少，实验设计可分为单因素设计、多因素设计；根据被试参与处理的水平数，实验设计可划分为被试间设计、被试内设计、混合设计；根据对变量控制的严格程度，实验设计又可分为非实验（前实验）设计、准实验设计、真实验设计。此外，在实验设计中，考生需要掌握因素、水平、主效应、交互作用等一系列术语。

第五节　实验研究的效度和信度

知识点 1　实验研究的效度 ★★

1. 含义

实验效度是指实验方法能达到实验目的的程度，即实验结果的准确性和有效性程度。库克、坎佩尔提出了 4 种实验效度：内部效度、外部效度（也称为生态学效度）、构思效度（也称为构思效度）、统计结论效度。

2. 内部效度

（1）含义

内部效度是指实验中的自变量与因变量之间因果关系的明确程度。一项实验的内部效度高，就意味着因变量的变化确实由特定的

TIPS 1

坎佩尔和斯坦利于 1966 年提出内部效度和外部效度。库克和坎佩尔于 1979 年又从内部效度中抽出一部分命名为统计结论效度，从外部效度中抽出一部分命名为构思效度。

自变量引起。要使实验具有较高的内部效度，就必须控制好各种额外变量，突出自变量和因变量之间的关系。

（2）影响因素　　　　　　　　　　　　　　>> TIPS ②

①**主试**：如期望效应、观察者偏见等。

②**被试**：如要求特征、霍桑效应、安慰剂效应、约翰·亨利效应等。

③**历史**：也称为实验的历史，指在实验之前或期间发生的一些外部事件，可能会对实验结果产生影响。

④**成熟**：被试内在的（身体的或心理的）变化。在一些长期追踪的实验研究中，被试自身的生理与心理就可能出现发展变化，因此需要特别注意成熟的影响。可采用增设同样条件的控制组解决这一问题。

⑤**仪器**：实验测量仪器的稳定性对实验内部效度产生的影响。

⑥**测验经验**（主要是前测对后测的影响）：前测和后测使用相同测验，或练习因素、临场经验等，都可能影响实验的内部效度。如果前后两次测量时间较近，这一因素的影响就更显著。解决办法是延长两次测量的时间间隔或插入无关任务。

⑦**统计回归**：指第一次测量平均值偏高者，第二次测量平均值有趋低的倾向；而第一次测量平均值偏低者，第二次测量平均值有趋高的倾向。这一现象经常发生于被试在某种处理条件下具有极端分数的情况中，容易在实验处理效果上产生假象。

⑧**被试选择**：在对被试进行分组时，如果没有用随机取样、随机分配的方法，会导致被试在各方面并不相等或有偏性，也会降低内部效度。

⑨**被试损失率**（被试流失）：被试的中途缺失会导致之后的被试样本难以代表原来的样本，从而导致内部效度降低。

⑩**选择交互作用**：在实验过程中，被试的各种特征会使实验处理的效果具有特定的含义，从而影响实验和研究结果的普遍性。在这种情况下，被试选择和实验处理之间实际上存在着交互作用，即选择交互作用。最常见的是**选择和成熟的交互作用**，即成熟程度不同的被试被安排在不同的组中，进而影响到对实验结果的正确解释。

3. 外部效度 / 生态学效度

（1）含义　　　　　　　　　　　　　　　　>> TIPS ③

外部效度是指实验结果能够普遍推广到样本的总体和其他同类现象中的程度，即实验结果的**普遍代表性**和**适用性**。

（2）影响因素

①**实验环境的人为性**：研究是在控制条件下进行的，实验下环境的人为性可能使某些实验结果难以用来解释日常生活中的行为现

TIPS ②

历史：如某实验考察职工的业余文化生活对工作积极性的影响，在实验进行过程中，部分职工增加了工资，也对职工工作的积极性产生了影响。

成熟：如某实验考察一胎儿童在二胎儿童出生前后的行为变化，在实验过程中，一胎儿童的认知能力与身体发育会随着时间明显成长，成熟因素可能对结果造成影响。

统计回归：如某实验想探讨干预措施是否能缓解被试的焦虑。实验选择的被试是高度焦虑的被试。结果发现，在进行干预之后，被试的焦虑程度的确降低了。但这不一定是干预措施起了作用，统计回归也可能造成上述结果。

例如，在想要将结论推广到不同年龄和智力水平的所有人群时，如果被试只选择了大一学生，该实验的外部效度就会受到威胁。

象。这一问题可通过提高实验情境与现实情境的相似性、增加现场实验的数量或采用间接观察等方式来改进。

②**被试样本缺乏代表性**：如果所选取的样本不能很好地代表所要研究的总体，就无法确定是否在变换了实验样本后还能得到同样的结果。

③**测量工具的局限性**：实验者对自变量和因变量下的操作性定义往往与所使用的测量工具得到的测量结果有关。实验材料和测验类型的差异可能会使多个研究者对同一个问题的研究结论无法统一，也就是说可能导致不同的结论。这直接影响到实验研究的外部效度。　　　　　　　　　　　　　　　　　　　　》 TIPS ④

（3）提高方法　　　　　　　　　　　》 TIPS ⑤

①**克服实验的过分人工情景化问题**。在研究设计时，应尽量减少人工情景化的情况。这就要增加实验变量，给实验结果的分析带来困难，使用多因素的实验设计及统计分析方法可协助解决这一问题。

②**增加样本的代表性**。要求取样时，一定注意随机化和代表性问题，增加取样的层次会使样本的代表性增强。另外，研究推论的范围不要超出取样的范围和层次。

③**保证测量工具的效度**。研究中所使用的各种工具必须能够正确表达或显示所欲测定的特质，无论是仪器，还是心理测验量表，必须有效，才能保证研究的效度。

（4）内部效度与外部效度的关系

①实验的内部效度和外部效度是 相互联系、相互影响的。提高实验内部效度的措施可能会降低其外部效度，而提高实验外部效度的措施又可能降低其内部效度。

②**内部效度是外部效度的前提**，但内部效度高并不能保证外部效度一定高。

③一般来说，可以在 保证内部效度的前提下，采取适当措施 提高外部效度。

4. 构思效度/构想效度

（1）含义

构思效度是指 理论构思的合理性，及其转换为抽象与操作定义的恰当程度，反映了理论构想与经验数据之间对接的严密程度；构思效度也就是研究能够测量到研究背后理论的程度。

（2）影响因素　　　　　　　　　　　》 TIPS ⑥

①理论上构想的 代表性不足（过窄）。

②构想的 代表性过于宽泛，以至于包括无关事物。

（3）提高方法

①**研究题目的来源要有合理性**，在有关理论中占有一定的权重，

例如，测量创造力有很多不同的量表，如果在实验时仅采用某种创造力量表，所得结果可能不能推广到采用其他创造力量表的情况中。

外部效度的提高方法与影响因素是一一对应的，所以在背记影响因素的同时，应该点对点地想到如何提高外部效度。

构想的代表性不足，如在定义智商的时候只考虑到了一般智力因素；构想的代表性宽泛，如在定义气质类型时混入了家庭教养因素等。

也就是说要具有一定的重要性和独特性。

②研究的理论构思要严谨、清晰、明确，有一定的层次性。

③对自变量和因变量要给出严格的操作性定义，并对自变量的操作水平和因变量的测量指标要做出明确界定。

④要选取多种指标，运用多种方法，从不同角度出发进行多维分析和构思。

5. 统计结论效度　　　　　　　　　　>> TIPS ⑦

（1）含义

统计结论效度是指有关决定实验处理效应的数据分析程序的有效性和准确性。它涉及的是研究误差的变异来源和如何恰当运用统计显著性检验的问题。

（2）影响因素

①数据质量。如果数据收集方法本身缺乏信度和效度，数据质量不理想，也就谈不上统计结论的有效性问题。

②统计方法的选用。特定的统计方法对变量的前测水平、分布形态、样本是否独立等都有明确要求，如若违反或忽视这些要求，统计结论效度将会受到影响。

③统计检验力（统计功效）。它是指统计检验中正确地拒绝虚无假设而接受备择假设的概率或能力，即成功发现真实存在的差异的能力。若统计检验力低，则容易犯二类错误。

④统计结果的报告被人为筛选。统计结果无论是否符合研究假设都要如实报告。

（3）提高方法

①保证数据的质量。好数据是无可替代的。

②明确各种统计检验方法的基本假设和适用条件，并根据数据的具体特征选择适宜的统计方法。

③适当增加样本量。当样本较小时，应进行统计功效分析，不能仅根据显著性水平做出推论。

6. 4种效度的关系

①4种效度相互联系、相互影响。其中，统计结论效度实际上是内部效度的特例，它们都涉及研究本身的因果关系和统计检验的可靠性。构想效度则与外部效度有一致之处，即它们的基本点都在于结果的概括性和普遍代表性。

②一般来说，可在保证构想效度和内部效度的情况下，提高统计结论效度和外部效度。

③研究者需要明确不同效度的优先顺序，在不同的措施之间做出适当权衡，从而避免不必要的效度损失。

TIPS ⑦

统计结论效度与统计分析的适当性、准确性有关。例如，我们经常会看到一些期刊论文勘误，更正的错误主要是统计结果方面的，这就不免让人质疑这些期刊论文的统计结论效度。统计结论效度和内部效度强调的是不同角度的问题。内部效度要保证的是自变量和因变量之间的因果关系是真实的，而非虚假的；统计结论效度要保证的是统计数据的结果是真实的，而非偶然的。内部效度需要统计结论效度提供支持，统计结论效度是为内部效度服务的。

知识点 2　实验研究的信度 ★★

　　>> TIPS ⑧

1. 含义

　　实验研究的信度就是实验结果的<u>可靠性</u>和<u>前后一致性</u>程度。如果重复进行实验，每次所获得的结果基本一致，那么说明该实验研究具有较高的信度。

2. 影响因素

　　①<u>样本量大小</u>。样本量越大，就越有理由相信样本统计量接近总体参数，即样本更能够代表其所在的总体。

　　②<u>统计检验</u>。也就是计算不同实验条件下的差异是由自变量的改变引起的，还是由随机因素造成的。当统计检验发现不同实验条件下的差异由偶然因素引起的概率很低时，则可认为该结果是由自变量的变化引起的。当然，尽管可以认为结果的统计信度较高，但仍然会有 5% 或 1% 的犯错误的可能性，因此在最后得出结论时一定要谨慎。

TIPS ⑧

　　在实验设计的考察中，涉及更多的是实验研究的效度。有关实验研究的信度，主要掌握其含义、影响因素即可。考生要注意区分实验研究的信效度和测验的信效度，实验研究的信效度主要是检验实验设计本身是否存在问题，测验的信效度则主要是检验测量工具本身。

> **本节小结**
>
> 　　本节主要讨论"如何评价一个实验"，对这一问题可从探讨实验的效度、信度两方面入手。所谓效度，即实验结果的准确性和有效性程度，具体可分为内部效度、外部效度、构思效度、统计结论效度 4 种类型；所谓信度，即实验结果的可靠性和前后一致性程度。一项好的研究设计只能是在权衡利弊得失之后，使实验效度与信度达到和谐统一，不能顾此失彼。

名词总结

心理学实验	单因素实验	多因素实验	范式
实验范式	理论	变量	自变量
操作性定义	因变量	反应控制	量程限制
天花板效应	地板效应	额外变量	自变量的混淆
要求特征	霍桑效应	安慰剂效应	
约翰·亨利效应	实验者效应	单盲实验	双盲实验
实验设计	因素	主效应	交互作用
简单效应	简单简单效应	处理效应	非实验设计
准实验设计	真实验设计	被试间设计	被试内设计
位置效应	延续效应	差异延续效应	练习效应
疲劳效应	平衡设计	混合设计	效度
信度			

第三章　反应时法

知识导读

在科学心理学100多年的发展历程中，已经形成一整套经典的研究技术，如反应时技术、心理物理学技术、信号检测论技术等。本章将对反应时技术进行介绍。反应时（REACTION TIME，RT）是心理学实验研究中最常用的一个行为指标。本章内容主要涉及反应时的研究历史、含义、组成时段、种类，反应时技术，以及反应时研究的新进展等。

在考试中，本章第一、二节内容多以选择题、简答题等形式进行考察；第三节内容则可能以更灵活的形式进行出题。因此，考生要着重掌握反应时的3种类型（简单反应时、选择反应时、辨别反应时）、影响因素和反应时技术等内容。对于减数法、加因素法和内隐联想测验的逻辑，考生应当梳理清楚，了然于心。

知识地图

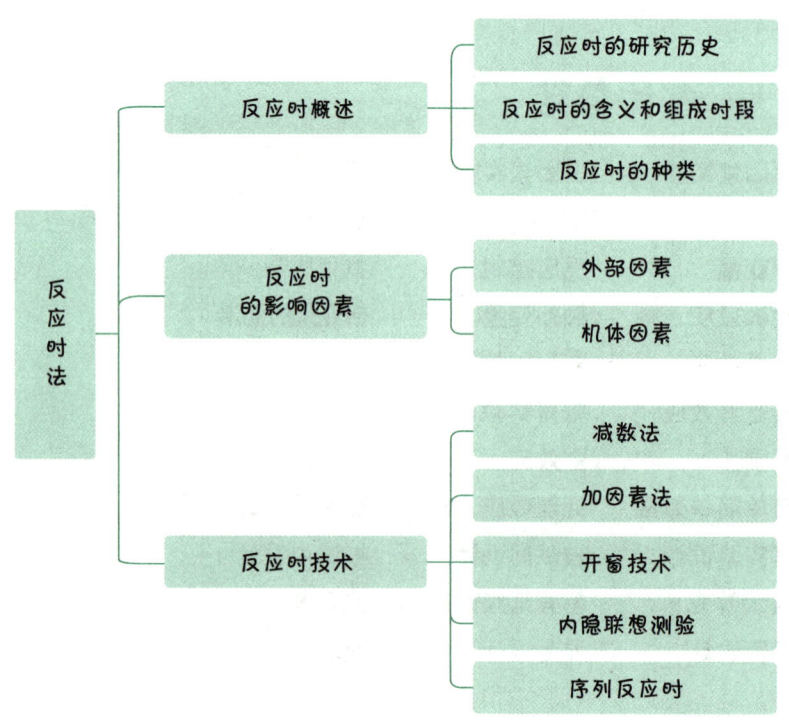

第一节 反应时概述

知识点 1 反应时的研究历史 ★

1. 天文学的研究 >> TIPS ①

对反应时的研究最早始于天文学领域。天文学家贝塞尔发现：个体的反应并不是即时发生的，通常会在刺激出现之后延迟出现，而且这种延迟存在个体间的差异。由此他提出了"人差方程"来表述这一现象：B（天文学家1的反应时间）-A（天文学家2的反应时间）≈ 1.233 s。

2. 心理学的研究 >> TIPS ②

①赫尔姆霍兹：1850年实施了历史上第一个反应时实验，成功测定了蛙的运动神经传导速度。该实验是最早运用反应时技术进行生理和心理指标测量的实验。

②唐德斯：将反应时正式引入心理学领域，最先系统地将反应时法运用在心理过程研究中，并提出了减数法。

③冯特：最早将反应时直接作为心理学研究课题，带领学生对简单反应时和选择反应时进行了一系列的测量。冯特的学生当中，卡特尔和屈尔佩对反应时的研究都有重要贡献。

④斯腾伯格：1969年在唐德斯减数法的基础上，提出了加因素法。

知识点 2 反应时的含义和组成时段 ★ >> TIPS ③

1. 含义

反应时（Reaction Time，RT）是指从刺激施于有机体到有机体做出明显反应开始所需要的时间，即从接受刺激到做出反应之间的潜伏期。

2. 组成时段

反应时共包含3个时段，3个时段的总和即反应时间。

①第一时段：刺激使感受器产生兴奋，其神经冲动传递到感受神经的时间。

②第二时段：神经冲动传至大脑皮质的感觉中枢和运动中枢，再从那里经运动神经传至效应器的时间。

③第三时段：效应器接受冲动后开始效应活动的时间。

反应时的神经传导过程如图3-1所示。

TIPS ①

关于"人差方程"的方程式，不同教材之间的表述存在差异，比如在郭秀艳版的教材中是B-A，而在张学民版的教材中则是A-B。其常数值在不同教材之间也存在差异，比如在郭秀艳版的教材中为1.233 s，而在朱滢版的教材中为1.22 s。但无论是哪种表述，都说明个体在反应时上存在差异，这也是人差方程的意义所在。

TIPS ②

现代心理学家将1850~1969年称为唐德斯反应时ABC时期，自1969年之后，反应时研究便进入了第二阶段。时至今日，反应时依然是实验心理学研究领域中最经典、应用范围最广的反应变量之一。

TIPS ③

当你的手触摸到很冷或很热的水时，热或冷的信号从手上的神经传递到大脑，大脑做出判断，然后命令肌肉收缩把手收回来，这整个过程所需要的时间即反应时。

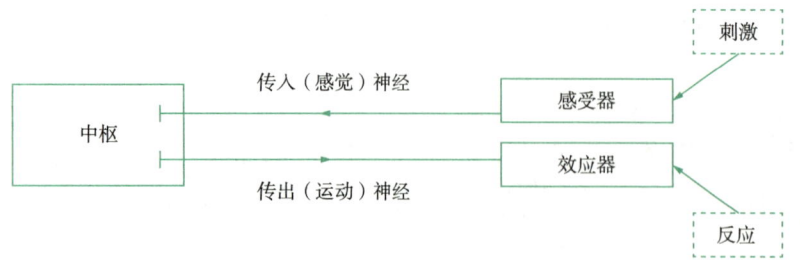

图 3-1　反应时的神经传导过程

知识点 3　反应时的种类 ★★

唐德斯将反应时分为 3 种类型，其分别对应 3 种不同的心理过程。

1. A 反应时——简单反应时　》TIPS ④

在简单反应中，有且仅有一个刺激，当这一个刺激呈现时，要求被试对其做出反应。简单反应时是复杂反应时的基本组成部分，又称为基线时间，即为复杂反应所耗费的时间提供了一个基线。

2. B 反应时——选择反应时　》TIPS ⑤

在选择反应中，有多个刺激，每一个刺激都有与它相对应的反应。因此，选择反应所耗费的反应时既包含了简单反应的基线时间，又包含了辨别刺激的时间、选择对应反应的时间。

3. C 反应时——辨别反应时　》TIPS ⑥

在辨别反应中，有多个刺激，被试只需对其中一种刺激做出反应，对其他刺激不做反应。因此，辨别反应时包含简单反应的基线时间、辨别刺激的时间。

对 3 种反应时进行时间长短的排序：*A* 最短，*C* 次之，*B* 最长。通过对 3 种心理过程所需时间进行减法运算，就可以分离出不同心理过程的时间特征：基线时间 = *A*；选择时间 = *B*−*C*；辨别时间 = *C*−*A*。*A*、*B*、*C* 3 种反应时如图 3-2 所示。

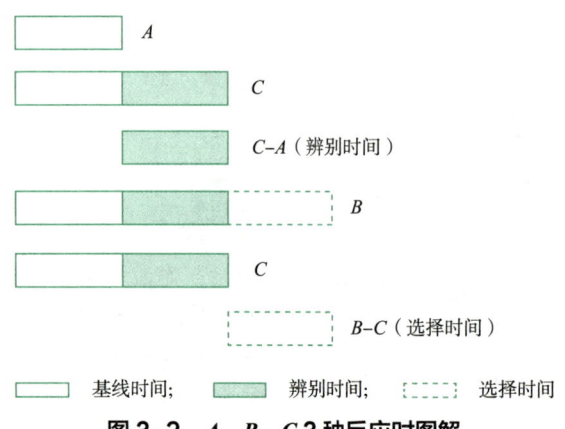

图 3-2　*A*、*B*、*C* 3 种反应时图解

TIPS ④

简单反应：屏幕上只呈现圆形刺激，当被试看到圆形出现时就马上按空格键反应。

TIPS ⑤

选择反应：屏幕上呈现圆形和正方形刺激，要求被试看到圆形按 F 键，看到正方形按 J 键。在这个反应过程中，被试不仅需要辨别自己看到的是圆形还是正方形，还需要选择按哪个键进行反应。

TIPS ⑥

辨别反应：屏幕上会呈现圆形和正方形，被试需要在圆形出现时按空白键做出反应，而在正方形出现时则无须反应。在这个反应过程中，被试需要辨别自己看到的是圆形还是正方形，但不需要思考按哪个键。

> **本节小结**
>
> 反应时最早出现于天文学的探索中，真正大放异彩却是在其进入心理学领域后。它也被称为反应潜伏期，是完成一种任务所需要的时间。在心理学研究中，通常将它作为一种因变量来进行测量。根据刺激和反应数目的多少，又可将反应时分为3种：简单反应时、选择反应时、辨别反应时。3种反应时的区别是在本节中需重点掌握的内容。

第二节　反应时的影响因素

知识点 1　外部因素 ★★

（1）刺激方面

①刺激呈现的感觉通道：不同感觉通道的刺激反应速度存在较大差异，这被称为反应时间的通道效应。一般来说，触觉反应时 < 听觉反应时 < 视觉反应时。此外，同一感觉通道中，刺激的部位不同，反应时也有差异。

②刺激的物理特征：刺激的大小、形状、颜色、强度、呈现时间等物理属性会影响反应时。例如：刺激强度很弱时，反应时会延长；刺激增强至中等或较高强度时，反应时就会缩短。

③刺激物理特征的复杂程度：刺激越复杂，反应时越长。其复杂程度一般与刺激的数目、相似程度等相关。

④刺激呈现的位置：当刺激出现在视野中心区域时，反应时最短；刺激出现在其他位置时，反应时变长。研究表明，刺激呈现的位置和反应时的规律如下：下＜左、左下、右下＜上、右＜右上、左上。

⑤线索提示和刺激、线索的相容性：当有线索提示时，对刺激的反应速度可能会加快；线索与刺激特征的相似程度越高，对反应时的促进作用越明显。

⑥刺激的时间间隔（Stimulus Onset Asynchrony，SOA）：同两个刺激的间隔时间较长相比，当两个刺激的间隔时间较短时，被试对第二个刺激的反应时要长。在这种短SOA的条件下，被试对第二个刺激反应的延迟就称为心理不应期。　　》TIPS ①

⑦选择刺激的数目：与反应时的关系为 $RT = \lg N$，其中 RT 为反应时，N 为辨别刺激的数目。

（2）环境方面

实验室的声光控制要符合实验要求，避免背景光和噪声影响反应时。

TIPS ①

心理不应期的实质是，两个刺激在时间或空间上的距离太近，它们同时竞争有限的心理资源，让人反应不过来。SOA又称"刺激呈现的异步性或不同性"。它指的是从第一个刺激开始呈现，到第二个刺激开始呈现之间的时间间隔，即起点到起点（onset-onset）。此外，刺激之间的时间间隔还可以用ISI（interstimulus interval）表示，但与SOA不同，ISI指的是从第一个刺激开始消失，到第二个刺激开始呈现之间的时间间隔，即止点到起点（offset-onset）。在心理学实验中，SOA和ISI是经常打交道的概念，可提前了解下。

（3）实验仪器方面

实验仪器在技术上应保证其**精确度**达到实验的要求，如反应键要足够灵敏，符合被试的反应习惯等。

知识点 2　机体因素 ★★

①**适应水平**：指在刺激物的持续作用下，感受器发生变化。一般来说适应水平**越高**，反应时**越短**。

②**准备状态**：机体对于某种行为做出的准备情况。呈现刺激的预备时间不能太长或太短，避免注意起伏对被试反应的影响。最佳预备时间是 1.5 s。

③**练习次数**：在一定范围内，练习次数**越多**，反应速度就会**越快**；反应时减少的趋势是趋近一个极限，然后稳定下来。

④**动机和态度**：动机对反应时产生影响，如惩罚反应时最短，其次是激励反应时，正常反应时最长；态度不同，被试的反应时也会有所差异。

⑤**年龄因素和个体差异**：一般认为，从发育阶段至 25 岁之前（青少年阶段），反应时随年龄的增长而减少，起初减得快，以后减得较慢，而 25 岁之后反应时开始随着年龄的增长而逐渐增加；不同被试之间反应时有差异（如人差方程），同一被试的反应时也是有起伏的。

⑥**身心状态**：疾病、酒精、兴奋剂、镇静剂等药物的作用都会影响反应时。

⑦**速度－准确性权衡**：反应时实验中的一个突出问题就是**反应速度和准确性之间的反向关系**。有的被试会用低正确率换取快的速度，而有的被试则会用慢的速度来保证高正确率。这就使得我们要根据不同的实验条件，在两者之间做出权衡。　》TIPS ②

本节小结

反应时作为反应变量，受诸多因素影响，其影响因素主要可分为外部因素、机体因素两大类。研究者需根据实验的目的，控制好影响反应时的影响因素，这样实验结果才能反映信息加工过程的普遍规律。

第三节　反应时技术

知识点 1　减数法 ★★★

1. 减数法的含义

减数法由**唐德斯**首先提出，是一种用减法将反应时分解成各个成分，然后来分析内在信息加工过程的方法。

检验速度－准确性权衡的方法很简单，就是将反应时数据平均划分为快速、慢速反应组，并对两组的错误率进行检验。如果快速反应组的错误率显著低于慢速反应组，说明可能存在违背速度－准确性权衡的问题；如果两组的错误率差异不显著，或慢速反应组的错误率显著低于快速反应组，则说明没有违反速度－准确性权衡的原则。此外，在知觉或注意实验中，对反应时的取样要求一般是 200~2 000 ms，对正确率的取样要求一般是 90% 或 95% 以上。而在其他领域的实验中，一般根据任务难度对反应时和正确率的要求有所改变。

2. 减数法的原理

减数法的逻辑是，如果任务 A 包含任务 B 所没有的某个特定的心理过程，除此之外二者在其他方面均相同，那么这**两种任务的反应时之差（A-B）**即此心理过程所需的时间。

3. 减数法的应用

减数法的应用主要体现在以下 3 个实验中：短时记忆视觉编码实验、句子-图画匹配实验、心理旋转实验。

（1）短时记忆视觉编码实验（波斯纳，1969）

①实验目的：考察短时记忆的表征方式。

②实验材料：两种字母对。一种是两个字母的**读音和写法都一样（AA）**；另一种是两个字母的**读音一样，写法不一样（Aa）**。

③实验变量：刺激对（形同音同、形同音异）、呈现方式（同时呈现、继时呈现）、间隔时间（0.5 s、1 s、2 s）。

④实验过程：给被试并排呈现两个字母，这两个字母可以同时给被试看，或者中间插入短暂的时间间隔（实验一为 0.5 s、1 s，实验二为 1 s、2 s），要求被试指出这一对字母是否相同并按键。**在 AA 和 Aa 两种情况中，被试的正确反应都是认为这一对字母"相同"并按键。**

⑤实验结果（如图 3-3 所示）：在两个字母同时呈现时，AA 的反应时小于 Aa；继时呈现时，随着两个字母呈现的时间间隔增加，AA 的反应时急剧增加，但 Aa 的反应时变化不大。并且，AA 和 Aa 的反应时差距逐渐减小，当时间间隔达到 2 s 时，其差别很小。

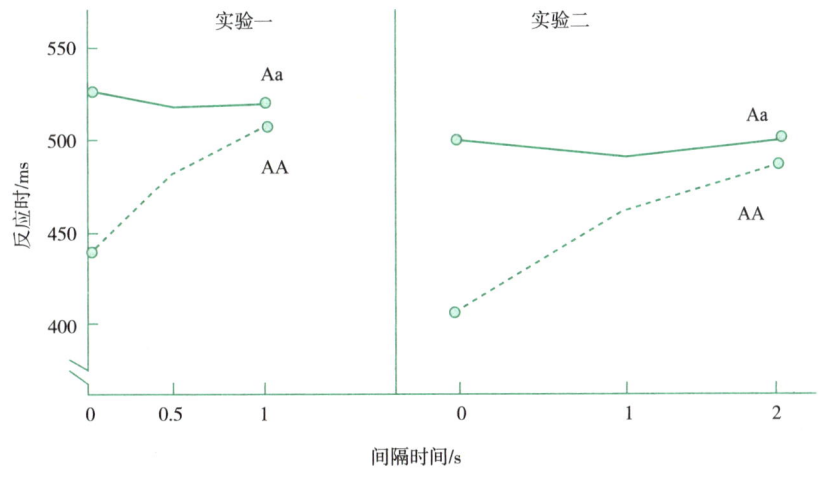

图 3-3 波斯纳的实验结果图

⑥实验结论：短时记忆中，**视觉编码先发生**，保持一个短暂瞬间后，**逐渐过渡到听觉编码**。

TIPS 1

任何复杂刺激的反应时都是由基线时间和其他的认知加工过程所需时间合成的，这就是采用减数法测量认知加工过程的基本思路。

TIPS 2

如何解释短时记忆视觉编码实验的结果：波斯纳认为，AA 和 Aa 的区别只在于前者字母的写法一样，而后者字母的写法不一样。当两个字母同时呈现时，Aa 的反应时大于 AA，是由于 AA 可以直接通过写法（视觉编码）来比较，但 Aa 必须按读音（听觉编码）来比较。Aa 的匹配必须从视觉编码过渡到听觉编码，这样就包含了更多的加工过程，因此需时较多。随着两个字母之间呈现时间间隔的增大，AA 视觉编码的效应逐渐消失，听觉编码的作用增大，反应时也增加，从而缩小了 AA 与 Aa 之间反应时的差别。同时呈现和继时呈现的反应时之差就反映了短时记忆的信息既存在听觉编码又存在视觉编码。

（2）句子-图画匹配实验（克拉克和蔡斯，1972）

①实验目的：考察如何比较句子和图画的差别。

②实验材料：向被试呈现句子、图画两种材料。句子如"星形在加号之上"，图画如"　"。

③实验变量：主语（星形、加号），介词（之上、之下），陈述（肯定、否定）。

④实验任务：要求被试尽快判定该句子是否真实地说明了图画。

⑤实验逻辑：克拉克等人猜想，当句子出现在图画之前时，句子和图画匹配作业的完成要经过4个加工阶段，并提出了度量加工持续时间的参数。

a. 第一阶段：**将句子转换为其深层结构，即以命题来表征句子**。而且对"之下"的加工时间比对"之上"的加工时间要多（参数 a），对否定句的加工时间比对肯定句的加工时间要多（参数 b）。

b. 第二阶段：**将图画转换为命题**，并带有前面句子中所用的介词，即"之上"或"之下"。

c. 第三阶段：**将句子和图画两者的命题表征进行比较**。若两个表征的第一个名词相同，则比较所用的时间比不同时少（参数 c）；若两个命题表征都不含有否定，则比较所用的时间将会少于任一命题含有否定时的时间（参数 d）。

d. 第四阶段：**做出反应**。其所用时间被认为是恒定的（参数 t）。

⑥实验结果：成功得到了参数 a、b、c、d、t 的时间。

（3）心理旋转实验（库珀和谢波德，1973） ≫ TIPS ③

心理旋转指单凭心理运作（不靠实际操作），将所知觉的对象予以旋转，从而获得正确知觉经验的心理历程。库珀和谢波德在1973年做了心理旋转实验。

①实验目的：验证心理旋转是否存在。

②实验材料：非对称性的字母或数字（如J、G、R、2、5、7等）。根据其**正反情况**和**倾斜度**，可构成12种情况，如图3-4所示。

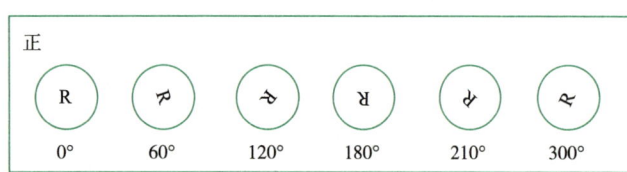

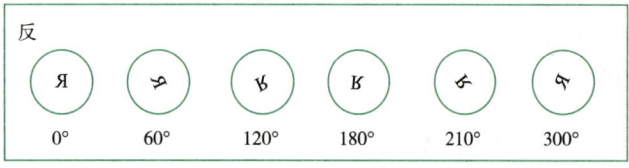

图3-4　正反12种字母材料（以R为例）

TIPS ③

心理旋转实验的逻辑前提是正立物体与倾斜物体的加工可能是不相同的。假设倾斜物体需要多经过一个过程（心理旋转）才能被识别，那么在反应时上，识别倾斜物体的反应时应该显著长于识别正立物体的反应时。如果实验结果验证了这一点，也就证明了心理旋转过程的存在。

③实验变量：有无提示（有提示、无提示）、提示数目（单项提示、双项提示）、提示顺序（先后提示、同时提示）

④实验条件如图 3-5 所示。

a. 无提示：测验前呈现空白信号，持续 2 s。

b. 只提示刺激类型：测验前呈现刺激类型的提示信号，持续 2 s。

c. 只提示倾斜度：测验前用箭头提示倾斜度，持续 2 s。

d. 分别提示刺激类型和倾斜度：先用一个信号提示刺激类型，再用一个信号提示倾斜度。刺激类型的提示时间固定为 2 s，而倾斜度的提示时间是可变化的，共有 0.1 s、0.4 s、0.7 s 和 1 s 4 种情况。

>> TIPS

e. 同时提示刺激类型和倾斜度：测验前用一个信号同时提示刺激类型和倾斜度，持续 2 s，之后跟着一个 1 s 的空屏。

图 3-5　心理旋转实验的条件（以正 120°字母 R 为例）

⑤实验过程：按随机顺序给被试呈现 12 种刺激材料，被试的任务是判断呈现的刺激是正写还是反写的。实验结束后，计算被试在每一种倾斜度条件下的平均反应时间（将同一倾斜度的正、反条件下的反应时相加平均），即可得到刺激倾斜度与被试反应时的关系曲线。

⑥实验结果：依据图 3-6 可知，在无提示和单项提示的条件中，当呈现材料的倾斜度不同时，反应时也不同。具体而言，正立位置（倾斜度为 0°或 360°）的反应时最短，倒立位置（倾斜度为 180°）的反应时最长，整个曲线在 180°的左右两边形成对称；在双项提示的条件中，不同倾斜度的反应时没有显著差异。

>> TIPS

TIPS ④

注意，在第 4 种分别提示刺激类型和倾斜度的条件下，倾斜度的提示时间存在 4 种情况。这一操作是因为研究者想观察提示时间的长短对反应时是否产生影响。他们认为，当提示倾斜度的时间为 0.1 s 时，可能等同于只提示刺激类型的条件，因为倾斜度提示的呈现时间实在太短；当提示倾斜度的时间为 1 s 时，可能等同于同时提示刺激类型和倾斜度的条件，因为倾斜度提示的呈现时间足够长，被试有充分的时间进行加工。在图 3-6 中我们只呈现了 1 s 的情况，考试中一般也只关注 1 s 的情况。

TIPS ⑤

"字母倾斜度越大，反应时越长"这种用一句话描述的结果是不准确的。描述实验结果要有针对性，即在什么实验条件下出现了什么现象，不能把所有的条件笼统地一概而论。另外要注意，在结果图中，分别提示的条件只呈现了倾斜度提示时间为 1 s 的情况，0.1 s、0.4 s 和 0.7 s 的情况在这里不予讨论，感兴趣的同学可查阅原文献。

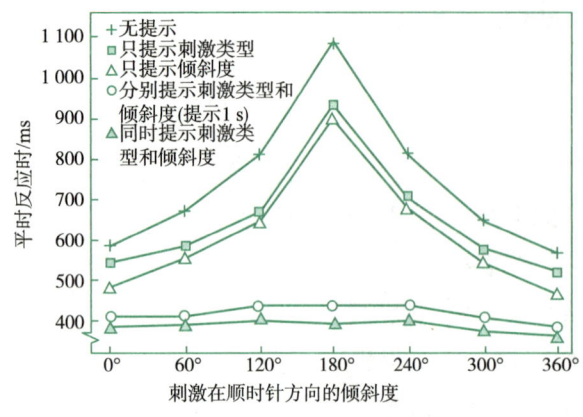

图 3-6　心理旋转实验结果图

⑦实验结论：证实了心理旋转过程的存在。　　》TIPS ⑥

4. 减数法的局限

①要求实验者对实验任务引起的刺激与反应之间的一系列心理过程有精确认识，并且要求两个相减的任务中共有的心理过程要严格匹配，这一般是很难的。

②未必能够较容易地将各个加工阶段区分开，一个参数可能涉及两个或者更多的加工阶段。

③减数法假定在复杂的信息加工过程中，增加或减少某些加工阶段并不会影响其余的加工阶段，有研究者则认为这种假定不一定总能够成立。

知识点 2　加因素法 ★★★

1. 加因素法的含义

斯滕伯格发展了唐德斯的减数法的反应时逻辑，提出了加因素法。它不是对减数法的否定，而是对**减数法的发展和延伸**。加因素法认为完成一个作业所需的时间是这一系列信息加工阶段分别需要的时间总和。

2. 加因素法的原理

①前提：信息加工过程是系列进行的而不是平行发生的，是由一系列有先后顺序的加工阶段组成的。

②逻辑：如果两个因素的效应是**相互制约**的，即一个因素的效应可以改变另一个因素的效应（有交互作用），那么这两个因素作用于**同一加工阶段**；如果两个因素的效应是**分别独立**的（无交互作用），可以相加，那么这两个因素各自作用于**不同的加工阶段**。加因素法就是通过探索有相加效应的因素来区分不同加工阶段的，从而尝试找出某信息加工的所有阶段，以推断整个信息加工过程。因此，它所**侧重的不是区分出每个加工阶段的加工时间，而是证实不同加

TIPS ⑥

如何解释心理旋转实验的结果：人类记忆系统中储存的信息是简单的，比如，对于字母，人头脑中一般只储存正立的字母表象。正立的 R 与我们头脑中的记忆表象一致，可以被快速识别；当 R 的旋转角度未超过 180°（如 120°）时，其与我们头脑中的记忆表象不一致，出于**心理加工经济性原则**，需要对知觉的表象以逆时针方向进行心理旋转，直到其与记忆表象一致。这时就多了一个表象心理旋转的加工阶段，导致反应时比较长。而当 R 的旋转角度超过 180°（如 240°）时，我们通常会以顺时针方向进行表象旋转，这样旋转的角度是最小、最经济的。120° 和 240° 的 R 在心理旋转上方向相反，但旋转角度相同，因此反应时也基本一样。

工阶段的存在，以及辨认它们的前后顺序。

3. 加因素法的应用—短时记忆的信息提取（斯滕伯格，1969年）

①实验目的：考察短时记忆的信息提取方式。

②实验过程：先给被试看1~6个数字（识记项目），然后再呈现一个数字（测试项目），请被试判断呈现的数字是不是刚才识记过的，并要求被试按键做出是或否的反应。这样就可以确定被试能否提取短时记忆的信息以及提取其所需的时间（反应时）。

③实验结果：通过系列实验，斯滕伯格确定了短时记忆信息提取过程中存在着4个相互独立的因素：测试项目的质量、识记项目的数量、反应类型及其相对频率。它们分别对应短时记忆信息提取的4个独立阶段：测试项目编码阶段、顺序比较阶段、二择一的决策阶段、反应组织阶段。

a. 测试项目的质量（清晰和不清晰）：质量越好，反应时越短，对应测试项目编码阶段。

b. 识记项目的数量（记忆集大小）：数量越多，反应时越长，对应顺序比较阶段。

c. 反应类型（肯定或否定）：做肯定反应的反应时短于做否定反应的反应时，对应二择一的决策阶段。

d. 反应类型的相对频率：随着反应频率增加，反应时有缩短趋势，对应反应组织阶段。

短时记忆信息提取的阶段和影响因素见图3-7。

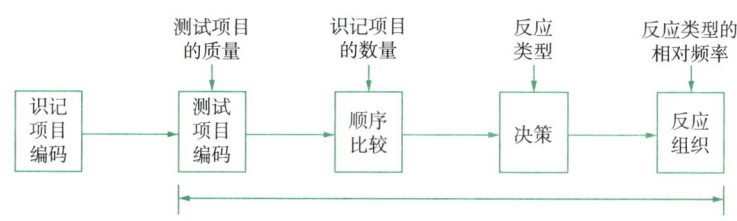

图3-7 短时记忆信息提取的阶段和影响因素

4. 加因素法的局限

①部分研究者认为信息加工中存在平行加工的可能。加因素法首先假设信息加工是系列的，然后再推测出信息加工的各个加工阶段，有一种循环论证的倾向。

②加因素法反应时实验的逻辑，即应用可相加和相互制约的效应来确认信息加工的各个阶段，遭到了众多研究者的质疑。

知识点 3　开窗技术 ★　　　　　　　　》 TIPS ⑦

1. 开窗技术的含义

开窗技术由汉密尔顿等人于1977年提出，它是反应时实验的一

TIPS 7

减数法和加因素法都需要通过间接的比较才能得到某个特定加工阶段所需要的时间，并且还要通过严密的推理才能确认加工阶段。而开窗技术就好像打开窗户一样，一览无遗，可直接测量每个加工阶段的时间。由于开窗技术在反应时研究历史上出现较晚，因此部分教科书将其作为加因素法的一种变式。

种新形式。开窗技术能够比较直接地测量每个加工阶段的时间，而且也能够比较明显地看出这些加工阶段。

2. 开窗技术的逻辑

一个复杂的加工过程往往是由若干个具体的加工阶段组成的，如果能够直接地测量每个加工阶段需要的时间，那么我们就可以得到整个过程所需要的时间。

3. 最早的开窗实验——字母转换实验（汉密尔顿和霍克基）

①实验过程：研究者给被试呈现 1~4 个字母，并在字母后加上一个数字，如 "F+3" "FQ+2" 等。被试需要报告经过转换之后的结果，比如，"F+3" 就是报告 F 后面第三个位置的字母 "I"，"FQ+2" 就是报告 F 和 Q 后面第二个位置的字母 "HS"。

以 "GNEC+4" 为例，具体过程为：通过指导语告诉被试转换方式后，要求被试按键开始实验。第一次按键，出现 G（计时开始），被试要口述 3 次字母转换的过程，即依次说出 H—I—J—K；然后继续按键，出现 N，被试要做出声转换，说出 O—P—Q—R。被试继续按键并做出声转换，直到 4 个字母呈现完毕。最后被试做出总的回答，即 KRIG，计时结束。这样就可以获得每个字母的转换反应时和整个字母串的转换反应时。

②实验结果：根据反应时，可看出完成字母转换任务包括 3 个阶段——编码阶段、转换阶段和储存阶段，如图 3-8 所示。

a. 编码阶段：被试从按键看到一个字母到开始出声转换，对所看到的字母进行编码，并从记忆中找到该字母在字母表中的位置。

b. 转换阶段：被试看到字母 G 报告出 H—I—J—K 的过程。这一过程所用的时间即被试做出出声转换的时间。

c. 储存阶段：出声转换结束后，将转换的结果贮存到记忆中便于后续提取的过程。还需要将转换的结果贮存到记忆中便于后续提取。这一过程所用的时间即从前一个字母出声转换结束，到按键看下一个字母的时间。

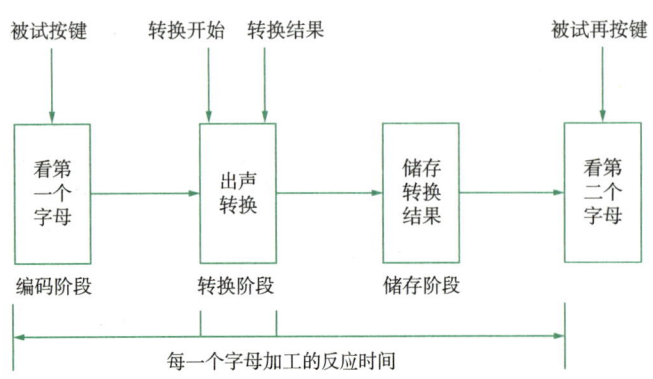

图 3-8　第一个字母转换过程示意图

4. 开窗技术的局限

①可能在后一加工阶段出现对前一加工阶段的复述。

②储存阶段有时还包括对前面字母的转换结果的提取和整合。

③难以在最后将储存阶段与反应组织阶段区分开。

知识点 4　内隐联想测验 ★★

>> TIPS ⑧

1. 内隐联想测验的含义

内隐联想测验（Implicit Association Test，IAT）是由格林沃尔德等人在 1998 年提出的一种研究范式。它采用的是一种辨别分类任务，以反应时为指标，通过对概念词和属性词之间自动化联系紧密程度的评估，进而间接测量个体的内隐态度等内隐社会认知。

2. 内隐联想测验的步骤

内隐联想测验的程序一般包括 7 个步骤，表 3-1 以经典的"花－虫"实验为例进行说明。

表 3-1　经典"花－虫"实验的操作流程

步骤号	阶段	具体操作	"花－虫"实验实例
1	属性词练习	选取数个积极或消极词语，随机逐一呈现，要求被试对呈现词进行分类	随机呈现 8 个词：美丽、漂亮、喜爱、愉悦、丑陋、恶心、厌恶、难受 积极词→按 E 键，消极词→按 I 键
2	概念词练习	选取数个表示花或虫的词语，随机逐一呈现，要求被试对呈现词进行分类	随机呈现 8 个词：玫瑰、牡丹、丁香、月季、蚂蚁、蜈蚣、蝗虫、蚯蚓 花→按 E 键，虫→按 I 键
3	联合练习	将前两步的词语混合，逐一随机呈现，要求被试按前两步的规则分类	积极词/花→按 E 键 消极词/虫→按 I 键
4	联合测试	重复第 3 步	积极词/花→按 E 键 消极词/虫→按 I 键 此时属于正式测试，需记录反应时
5	反向目标词练习	将第 2 步的按键规则调换	虫→按 E 键，花→按 I 键
6	反向联合练习	将属性词和概念词混合，要求被试按第 1 步和第 2 步的按键规则进行分类	积极词/虫→按 E 键 消极词/花→按 I 键
7	反向联合测试	重复第 6 步	积极词/虫→按 E 键 消极词/花→按 I 键 此时属于正式测试，需记录反应时

测试结束后，比较第 4 步和第 7 步的反应时差异，从而推断出被试把哪种属性词和概念词联系得更为紧密。如果第 4 步的反应时显著低于第 7 步的反应时，就说明被试倾向于将花与积极词相联系，

TIPS ⑧

随着反应时技术的发展，研究者不仅仅满足于测量一些基本的认知过程或心理现象的反应时间，而是进一步希望可以利用反应时技术探索更高级的社会认知加工过程。比如，当我们被问到一些比较敏感的问题（如性取向、种族偏见、地域歧视等）时，难免会有难以启齿、无法言说甚至意识不到的情况出现，潜意识中的态度是我们不愿意去面对或承认的。内隐联想测验便应运而生。

将虫与消极词相联系。反之同理。

3. 内隐联想测验的逻辑

①依据唐德斯减数法的原理，反应时的不同阶段对应着不同的加工过程，反应时越长，心理加工过程越复杂。

②在社会认知研究中，由于所呈现的刺激具有复杂的社会意义，其必然引起心理的复杂反应，这些刺激可能与个体的内隐态度相一致，也可能与其互相矛盾。刺激所暗含的社会意义不同，认知加工过程的复杂程度就会不同，从而反应时也会不同。

③基于以上逻辑，当概念词、属性词的关系与被试的内隐态度一致或二者联系较紧密时（相容条件），实验任务主要依赖自动化加工，因此反应速度快，反应时短；当概念词、属性词的关系与被试的内隐态度不一致或二者缺乏紧密联系时（不相容条件），此时往往会产生冲突，此时实验任务更多是依赖意识加工，因此反应速度慢，反应时长。

④**两种联合任务的反应时之差**可以作为概念词和属性词的关系与被试的内隐态度**相对一致性的指标**，即 IAT 效应。

4. 内隐联想测验的变式

（1）Go/No-Go 联想测验（Go/No-Go Association Test，GNAT）

诺塞克和巴那吉提出了 Go/No-Go 联想测验，它要求被试对**一些刺激做出反应**，**而忽视另外的刺激**。GNAT 仍保留了 IAT 的 2 个关键任务，但用信号检测论中的**辨别力指数 d'** 作为指标。

例如，测量被试对花朵的态度，呈现给被试花朵、褒义词、贬义词 3 类刺激，在任务 1 中要求被试对花朵和褒义词的联合做出反应（称为 Go），而对花朵和贬义词的联合不做反应（称为 No-Go）。任务 2 则相反，要求被试对花朵和贬义词的联合做出反应，而对花朵和褒义词的联合不做反应。

数据处理时，将正确的"Go"反应视为击中率，将不正确的"Go"反应视为虚报率，将击中率和虚报率转化为 Z 分数后，其差值即 d' 分数。然后对两个阶段的 d' 分数进行比较。假如任务 1 中的 d' 比任务 2 中的 d' 高，则说明被试对花朵持有积极的态度，反映了被试对花朵的内隐偏好。

（2）外在情感性 Simon 任务（Extrinsic Affect Simon Task，EAST）

为了**避免重新编码对 IAT 效应的污染**，霍福尔设计了外在情感性 Simon 任务。在典型的 EAST 实验中：

①实验材料为 5 个消极名词、5 个积极名词、5 个消极形容词和 5 个积极形容词。

在 IAT 的应用中，研究者逐渐意识到 IAT 的两大缺陷：忽略了速度-准确性权衡原则；只能考察被试对两个对象的相对态度，而不能测量被试对某一对象的态度。为了弥补这一不足，GNAT 被提出。

米尔克和克劳尔指出 IAT 的最大问题在于被试对任务的重新编码。例如，在花-昆虫 IAT 中，相容联合任务是对花和褒义词按左键反应，对昆虫和贬义词按右键反应，而被试往往会将任务简化成对所有褒义刺激（包括花）按左键，对所有贬义刺激（包括昆虫）按右键，被试对相容任务的重新编码缩短了相容联合任务的反应时，提高了 IAT 效应。

②实验条件有两种。

a. 词汇以白色呈现，此时出现的词都为形容词，要求被试对词义做出反应，即对积极形容词（如 kind）按 P 键（积极反应），对消极形容词（如 hostile）按 Q 键（消极反应）。

b. 词汇以彩色出现，此时出现的词都为名词，要求被试对词的颜色做出反应，即一半被试对绿色词按 P 键，对蓝色词按 Q 键，而另一半被试对蓝色词按 P 键，对绿色词按 Q 键。只记录被试对名词的反应时和错误率。

③结果表明，被试对积极名词做积极反应比对积极名词做消极反应更快，错误更少，同样，被试对消极名词做消极反应比对消极名词做积极反应更快，错误更少。这是由于个体依照所呈现的形容词的评价性特征（积极或消极）做出判断，并分别做出反应，使得原先中性的按键反应获得了积极或者消极的意义，从而影响了个体的颜色分类反应。

知识点 5 序列反应时 ★　　

1. 含义

序列反应时是内隐学习的研究范式，用以研究人们对序列规则的无意识获得。序列反应时以反应时作为反应指标，以序列规则下的操作成绩和随机序列下的操作成绩之差来表示内隐学习的学习量。

2. 程序

在序列反应时实验中，处于不同空间位置的视觉刺激分别对应不同的反应键，每次呈现一个视觉刺激，被试按相应键尽快予以反应，该刺激随即消失，短暂的时间间隔后出现下一个视觉刺激。

其特点在于，整个实验中刺激的呈现序列是有规律的。主试会在多次重复固定位置序列的情况下，插入一个随机的位置序列，之后再恢复固定的位置序列。

研究者比较被试对固定序列和对随机序列的反应时。后者的反应时显著长于前者才说明序列学习发生了。

> **TIPS ⑪**
>
> 序列反应时对内隐学习的揭示符合减数法的基本逻辑，即反应时的差异对应着心理过程的差异。

> **本节小结**
>
> 反应时技术包括减数法、加因素法、开窗技术和内隐联想测验等。减数法是所有方法的基础。例如：加因素法和开窗技术是在减数法的基础上发展而来；内隐联想测验也是在减数法的基础上提出的，是将减数法应用于内隐态度的测量。如今，反应时技术又被运用到了内隐学习和内隐社会认知等认知心理学的热点和前沿领域中，取得了前所未有的发展。

名词总结

反应时　　　简单反应时　　选择反应时　　辨别反应时
心理不应期　速度–准确性权衡　减数法　　心理旋转
加因素法　　开窗技术　　　内隐联想测验

第四章 心理物理学方法

心理物理学是一门研究心理现象和物理刺激之间对应关系的学科。1860年，费希纳的《心理物理学纲要》面世，宣告了心理物理学的诞生。以费希纳为代表的传统心理物理学家提出了测量阈限的3种方法、建立心理物理量表的方法，以及费希纳定律；以史蒂文斯为代表的现代心理物理学家则提出了幂定律，并且引入了信号检测论，建立了更精确的心物关系函数，解决了传统阈限测量中客观感受性和主观反应偏向相混淆的问题。

在考试中，本章第一节可能以选择题、简答题、论述题、应用题等形式进行考查，考生尤其要以"3种测量阈限的方法及其比较"为复习重点；第二节则多以选择题形式进行考查，考生对于细节内容要更加细心地掌握；第三节的知识点曾在灵活度较高的应用题中出现，因此考生也要将其作为考试重难点进行复习。

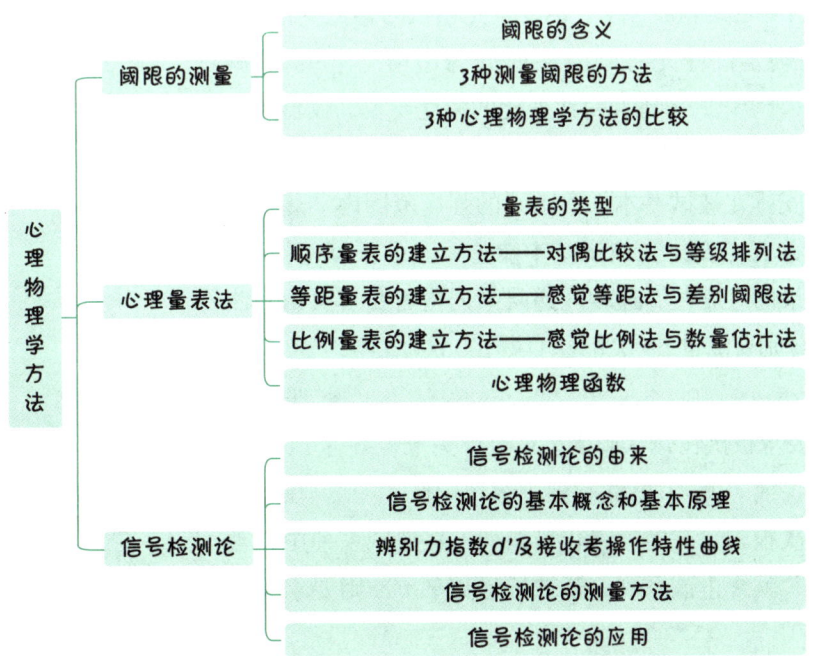

第一节 阈限的测量

知识点 1 阈限的含义 ★   » TIPS ①

阈限是传统心理物理学的核心概念，可分为两种类型。

①**绝对阈限**：刚好能引起心理感受的刺激大小。操作定义为有 50% 的实验次数能引起反应的刺激值。

②**差别阈限**：刚好能引起差异感受的刺激变化量。操作定义为有 50% 的实验次数能引起差别感觉的两个刺激强度之差。

基于上述操作性定义，费希纳设计了 3 种测量阈限的方法——极限法、平均差误法和恒定刺激法。

知识点 2 3 种测量阈限的方法 ★★

1. 极限法（最小变化法、最小阈限法、最小可觉差法、系列探索法）

（1）含义

极限法是测量阈限的<u>直接</u>方法。它的特点是将刺激按照<u>递增</u>或<u>递减</u>两个方向<u>逐级等距小步</u>变化，以探测被试对刺激有无觉察的转折点，即阈限位置。

（2）测定绝对阈限

①实验过程

a. 实验变量：自变量是刺激强度，因变量是被试的感觉变化。

b. 刺激系列的确定：首先将刺激系列分为递增（↑）、递减（↓）两种。刺激系列变化的范围和每次变化的幅度要根据仪器和感觉通道而定，一般是确定 10~20 个刺激点，由此形成刺激系列。递增系列刺激的起点安排在被试基本觉察不到的强度范围内，逐级增大；递减系列刺激的起点安排在被试基本能觉察到的强度范围内，逐级减小。为了结果的可靠性，递增和递减系列均需要多次重复测量，一般两个系列分别要测量 50 次左右（共 100 次左右）。

» TIPS ②

c. 反应记录：要求被试在每次刺激呈现时口头报告"有"（感觉到刺激，记作"+"）或"无"（感觉不到刺激，记作"-"）。在递增系列中，被试第一次报告"有"就终止该系列；在递减系列中，被试第一次报告"无"就终止该系列。若被试感觉拿不准则要求其进行猜测。

由于我们对客观刺激的感受性有一定的生理局限性，只有刺激的物理强度或变化幅度达到一定水平，我们才能够感觉到刺激的存在或刺激强度的变化。基于这样的前提假设，传统心理物理法提出了阈限的概念。可以把阈限看成进入大脑的"大门"，刺激必须穿过"大门"才能进入大脑或内心。如果刺激强度较高，那么它将较容易通过这所"大门"。

比如，人的听觉阈限在 16 Hz 左右，那么测定听觉阈限的刺激系列范围就可以确定为 6~26 Hz，根据刺激点数的要求，每次刺激强度的变化幅度可以控制为 1 Hz。

d. 实验的注意事项如下。

· 刺激的改变是等距的。不管递增还是递减，每次刺激强度的增加量或减少量是固定的。

· 刺激的起点是不确定的。为避免被试的反应定势，每次递增或递减系列的起点应在一定范围内随机变化。

②绝对阈限的计算

计算每个刺激系列的阈限。被试反应转折点处对应的两个刺激强度的中点，即这个系列的阈限；求出的所有系列阈限的均值即最后求得的绝对阈限。

>> TIPS ③

③误差及其控制   >> TIPS ④

a. 习惯误差：在长系列中，被试有继续做同一种判断的倾向，如在递增系列中继续说"无"，在递减系列中继续说"有"，这种倾向就会引起习惯误差。由于习惯误差的存在，在递增系列中，阈限会偏高；而在递减系列中，阈限会偏低。总体上递增系列的阈限就会高于递减系列的阈限。

b. 期望误差：在长系列中，被试期望转折点尽快到来，对感觉改变有一种期待。这种期待就会造成期望误差。由于期望误差的存在，在递增系列中，阈限会偏低；而在递减系列中，阈限会偏高。总体上递增系列的阈限就会低于递减系列的阈限。为了让习惯误差和期望误差尽可能相互抵消，递增和递减系列要做到数量一致。

c. 系列误差：随着实验进程的增加，被试可能出现练习效应和疲劳效应。练习效应是由于实验多次重复，被试逐渐熟悉实验情境和任务，导致反应速度加快和准确性提高的一种系统误差。疲劳效应是由于实验多次重复，被试逐渐产生疲倦或厌烦情绪，导致反应速度减慢和准确性降低的一种系统误差。这两种效应主要体现在前半部分和后半部分阈限的差异，如果将全部实验系列分为前、后两部分，则练习效应会使得前半部分的阈限大于后半部分，疲劳效应会使得前半部分的阈限小于后半部分。为了平衡练习效应和疲劳效应的影响，递增和递减系列要按照ABBA法安排，交替进行。

（3）测定差别阈限

①刺激系列的确定

每次呈现两个刺激让被试比较，一个是强度大小不变的标准刺激，另一个是强度按递增系列或递减系列排列的比较刺激。标准刺激在每次比较时都出现，比较刺激按递增系列或递减系列与标准刺激匹配呈现，直到被试的反应发生转折为止。

②反应记录

被试的报告可分为3种，分别是比较刺激大于（记作"+"）、等

TIPS ③

就递减系列来说，存在一个被试从"有"反应转变为"无"反应的转折点。对于这一转折点之前的刺激被试感觉到了，即100%感觉到；而对于这一转折点之后的刺激，被试没有感觉到，即0%感觉到。于是可以认为，介于这两个刺激点之间的中间点就是被试50%感觉到和50%感觉不到的点，也就是该系列的阈限位置。

TIPS ④

习惯误差：递增惯无，递减惯有；增就越高，减就越低。

期望误差：递增望有，递减望无；增就越低，减就越高。

研究者在实验结束后，可对递增系列和递减系列的阈限进行差异性检测。如果递增系列的阈限显著大于递减系列的阈限，则存在习惯误差；如果递增系列的阈限显著小于递减系列的阈限，则存在期望误差。

研究者可分别计算出整个实验的前半段和后半段的阈限值，并进行差异检验，若前半段的阈限值大于后半段，则存在练习误差；若前半段的阈限值小于后半段，则存在疲劳误差。

于（记作"="）和小于（记作"–"）标准刺激。

③差别阈限的计算

a. 递减系列中，最后一次"+"到非"+"之间的中点是差别阈限的上限（L_u），第一次非"–"到"–"之间的中点是差别阈限的下限（L_l）。

b. 递增系列中，第一次非"+"到"+"之间的中点是差别阈限的上限（L_u），最后一次"–"到非"–"之间的中点是差别阈限的下限（L_l）。

c. 上限和下限之间的距离是不肯定间距（I_u）。

d. 不肯定间距的中点对应的刺激值是主观相等点（PSE），理论上 PSE 与标准刺激（S_t）相等，但实际上两者有一定的差距，这个差距称为常误（CE）。　　» TIPS ⑤

e. 取不肯定间距的一半，或者取上差别阈（$DL_u=L_u-S_t$）和下差别阈（$DL_l=S_t-L_l$）之和的一半为差别阈限，即 $DL=\dfrac{L_u-L_l}{2}$。

④误差及其控制

在使用最小变化法测定差别阈限时，也可能产生像测定绝对阈限那样的习惯、期望、系列等误差，可以采用相同方法进行控制。同时，还可能产生由比较刺激与标准刺激在呈现时间上的先后关系、空间位置关系等带来的误差。通常采用多层次 ABBA 法控制顺序和空间效应。

（4）极限法的变式

①阶梯法

阶梯法与极限法最大的区别在于，阶梯法把增加和减少刺激量的程序合在了一起。在测量绝对阈限时，当被试报告感觉不到开始呈现的刺激时，主试可按照一定的梯级来增加刺激量，而当增加到被试感觉到开始呈现的刺激时，主试又按一定的梯级来减少刺激量。实验按这样的顺序继续下去，直到达到一个先定的标准或先定的实验次数为止。最后，求出各转折点的均值，该均值即阈限。

②系列组法

系列组法是在被试不知道的情况下，连续多次呈现同一个刺激。如果在 5 次中有 4 次或在 10 次中有 9 次被试都判断为"有感觉"或"大于标准刺激量"，则把这个梯级的刺激记作"+"。然后改变至另一个梯级，让被试做出判断，如此反复进行多次。最后，对接近于 $T_{上限}$ 和 $T_{下限}$ 的比较刺激量进行计算，即可得到阈限。

（5）极限法的特点　　» TIPS ⑥

①刺激按系列依次呈现，被试做觉察与否（或大小）的判断。

②系列起始位置随机，各刺激强度间的差异要小，以保证精确性。

③递增系列和递减系列的刺激点数量相等，交替呈现，多用

TIPS ⑤

主观相等点的含义可以用打靶的例子来予以说明。我们一般规定靶心是射击目标，靶心就相当于实验中的标准刺激。如果一个射手打了 5 枪，5 枪都打在靶心左边，那么我们可以说，对这个射手来说，标准刺激实际上不是靶心，而是靶心左边的某一点，这一点就是这个射手的主观相等点。

TIPS ⑥

极限法是把有感觉与无感觉的转折点作为阈限。因此，它曾被认为很好地表达了感觉阈限的概念：在阈限以下人们一无所知。但是，阈下知觉的存在表明这种看法是不正确的，因而，现在人们常使用 QUEST 法（基于贝叶斯原理的阈限测量程序）来进行感觉测量。

ABBA 法控制。

④求阈限的方法是对每一系列先分别求阈限，随后将所有系列的阈限平均值作为最终的阈限，它最符合"50% 觉察"的阈限操作定义。

2. 平均差误法（调整法、再造法、均等法）

（1）含义

平均差误法是很古老且基本的心理物理学方法。其步骤是呈现一个标准刺激，令被试再造、复制或调节一个比较刺激，使它与标准刺激相等。由于被试每次都是从主观上比较标准刺激量与比较刺激量是否相等，于是每一次的比较都会得到一个误差，把多次比较后的误差平均起来则可以求得平均误差。

（2）测定绝对阈限

当用平均差误法测定绝对阈限时，没有标准刺激存在。但是我们可以假设，此时的标准刺激为零，即让被试每次将比较刺激与"零"进行对比。

让被试把比较刺激调整到刚刚感觉不到或与 0 等值，然后计算每次测定的比较刺激与 0 之差（即比较刺激量本身的大小）的平均值，该均值即绝对阈限。

（3）测定差别阈限   >> TIPS ⑦

因为平均误差与差别阈限成正比，所以可以用平均误差测量差别阈限。

具体程序是向被试者呈现一个标准刺激，并让其调整比较刺激。在被试认为两者接近时，可让其反复调整，直至满意为止。由于被试反复测试，每次的结果并不是一个固定的数值，它们是围绕着一个平均数变化的数值。这个变化范围就是不肯定间距。不肯定间距的中点即多次调整结果的平均数，就是主观相等点。主观相等点与标准刺激的差就是常误。

用平均差误法求差别阈限，所得的只是一个估计值（AE），它有两种计算方法。

①把每次的调整结果（X）与主观相等点（M 或 PSE）之差的绝对值加以平均。可用公式表示为 $AE_m = \dfrac{\sum |X - PSE|}{N}$，其中 AE_m 代表用平均数或 PSE 来估计的平均误差，N 代表调节的次数。

②把每次的调整结果（X）与标准刺激（S_t）之差的绝对值加以平均。可用公式表示为 $AE_{st} = \dfrac{\sum |X - S_t|}{N}$。其中，$AE_{st}$ 代表用标准刺激来估计的平均误差，N 代表调节的次数。

（4）误差及其控制

①动作误差：在实验中需要被试自己操纵仪器来调整比较刺激，

TIPS ⑦

因为平均差误法中包含一个标准刺激和一个比较刺激，所以绝对阈限的测量依据差别阈限的测量程序而来，了解了如何用平均差误法测量差别阈限后，也就掌握了如何测量绝对阈限。

可能产生动作误差。为了消除动作误差，刺激材料中应有一半的比较刺激大于标准刺激，一半的比较刺激小于标准刺激。

②时间误差：如果刺激相继呈现，时间误差或顺序误差就有可能产生，解决的方法是采用ABBA法对比较刺激和标准刺激进行平衡。如果实验材料为两种或两种以上，则可以使用拉丁方设计法来平衡。

③空间误差：比较刺激和标准刺激的空间位置不同可能产生空间误差。消除空间误差的方法是，确保比较刺激在左（或上）和比较刺激在右（或下）的次数相等。

（5）平均差误法的特点

①刺激不再是一系列间隔相等的强度系列，而是从与标准刺激明显不同的起点开始，向调整的最后结果连续变化。

②被试主动参与刺激的调节，能调动被试的积极性。

③用平均差误法求得的差别阈限是一个估计值，并不完全符合阈限的操作定义。

3. 恒定刺激法（正误法、次数法）

（1）含义　　　　　　　　　　　　　　》TIPS ⑧

恒定刺激法是心理学中最准确、应用最广的方法之一。它是以相同的次数呈现少数几个恒定的刺激，通过计算被试觉察到每个刺激的次数来确定阈限。

> 恒定刺激法通常选取5~7个刺激，根据这几个刺激在整个实验过程中保持不变的次数的整个分布求阈限。

（2）测定绝对阈限

①刺激系列的确定：首先要确定刺激的范围，根据经验和预先测试找到从经常感觉不到（感觉到的概率小于5%）至经常感觉到（感觉到的概率大于95%）的刺激范围。然后确定5~7个等距刺激点。刺激的呈现是随机的，被试无法预测。各种强度刺激呈现的次数要保持相等，而且一般每种刺激要呈现50~200次。

②反应记录：每呈现一次刺激要求被试报告是否感觉到，即"有"或"无"。该类实验同样也要重复多次，得到每一刺激强度对应的被试报告"有"或"无"（记作"+"或"-"）的次数，并求出各自的百分数，以此计算阈限。

③绝对阈限的计算方法如下。

a. 直线内插法（最常用）：将刺激作为横坐标，以正确判断的比例作为纵坐标，由记录的刺激反应结果画出曲线，如图4-1所示。找到纵坐标为50%时曲线相应点的横坐标大小。这种方法简单易算，但没有充分使用实验数据，容易受到取样误差的影响，结果不够精确。

b. 平均 Z 分数法：通过查P-Z的转换表，将刺激和正确判断的比例转换为Z分数，就可以得到反应直线，如图4-2所示。当纵坐标为0时，对应的横坐标就是绝对阈限。这种方法操作简便，比直线内插法更精确。

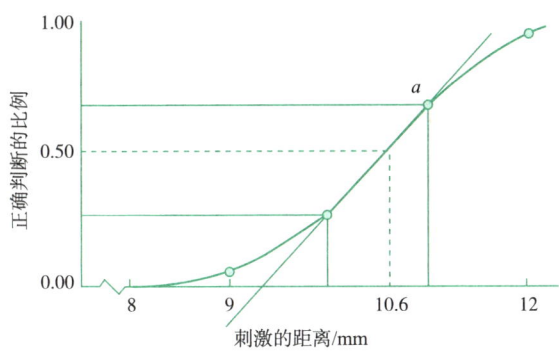

图 4-1　直线内插法测绝对阈限

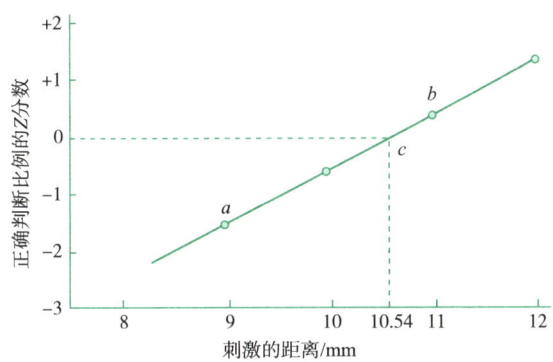

图 4-2　平均 Z 分数法测绝对阈限

　　c. **最小二乘法（最精确）**：这种方法只适用于两个变量有线性关系的情况，是整合一系列数据点为一条直线的最佳方法。先建立回归方程 $Y=a+bX$，确定方程中的 a 和 b。

$$a = \frac{(\sum X^2)(\sum Y) - (\sum X)(\sum XY)}{N(\sum X^2) - (\sum X)^2}$$

$$b = \frac{N(\sum XY) - (\sum X)(\sum Y)}{N(\sum X^2) - (\sum X)^2}$$

　　其中，X 和 Y 代表自变量和因变量的原始分数，N 代表 X 或 Y 的个数，a 是直线的截距，b 是直线的斜率。在具体计算中，需将数据转换为 Z 分数，即 $Z=a+bS$。当 $Z=0$ 时 $S=\frac{-a}{b}$。

　　d. **斯皮尔曼分配法**：用次数分布计算，梯形间距够大时可用。

　　（3）测定差别阈限　　　　　　　　　　　　　　　

　　①刺激系列的确定

　　让被试对比较刺激和标准刺激加以比较，标准刺激是能被感觉到的某一刺激强度，而比较刺激可在标准刺激上下一段距离内确定，一般是从完全没感觉出差别到完全感觉出差别的范围内选出 5~7 个刺激强度的刺激。比较刺激要随机呈现，每个比较刺激与标准刺激至少要比较 100 次。

> **TIPS ⑨**
>
> 通常将上阈限值和下阈限值之间的距离称为不肯定间距，在阈限的测量过程中，不肯定间距的变化具有不稳定性。如果被试做出相等判断的次数越多，不肯定间距就越大，测量得到的阈限的误差就越小；如果相等判断的次数越少，不肯定间距就越小，测量得到的阈限的误差就越大。可以说，阈限受被试的态度和判断的严谨性的影响。

②反应记录

a. 两类反应：让被试只做出"大于"和"小于"两种判断，即使难以区分也要在两种反应中选择一种。这种方法又叫作"迫选法"，可能会带来内在冲突，引发不愉快的情绪。

b. 三类反应：让被试做出"大于""等于"和"小于"（分别记作"+""=""–"）3 种反应。

③差别阈限的计算

a. 两类反应：首先，在差别阈限测定实验中，以 75%（50% 与 100% 的中点）感觉重于（或大于）标准刺激的比较刺激作为不肯定间距的上限，以 25%（0% 与 50% 的中点）感觉重于（或大于）标准刺激的比较刺激作为不肯定间距的下限。得到上限、下限阈值后，可通过下列公式进行计算：

差别阈限 =[上限（75% 大于标准刺激）– 下限（25% 大于标准刺激）]/2

差别阈限 =[上限（75% 大于标准刺激）– 下限（75% 小于标准刺激）]/2

b. 三类反应：首先，将不肯定间距的上限定为 50% 次大于标准刺激的比较刺激，不肯定间距的下限定为 50% 次小于标准刺激的比较刺激。这样有了上限和下限阈值，就可以通过最小变化法或平均差误法计算差别阈限了。

（4）误差及其控制

在恒定刺激法中有可能出现的误差有 练习误差、疲劳误差 和 时间误差。练习误差和疲劳误差的含义见最小变化法部分的介绍；时间误差是指测量差别阈限时，标准刺激和比较刺激相继呈现时，可能产生时间误差。

上述误差可以采用 随机呈现刺激 或 ABBA 法进行控制。

（5）恒定刺激法的特点　　>> TIPS ⑩

①只采用少数固定刺激，根据被试做有无和大小的判断反应的频数来确定阈限。

②刺激按事前定好的随机顺序呈现，一般每个刺激呈现 50~200 次。

③阈限值用直线内插法求得，符合阈限的操作定义（但 75% 差别阈限除外）。

（6）恒定刺激法的变式

①分组法

将比较刺激分成几个组，通常是分成 3 个组。具体的分组方法是将大于和小于标准刺激，且间距相同的比较刺激分到同一组中去。此种条件下获得的实验结果比用随机比较获得的结果更为稳定。

②单一刺激法

将比较刺激的强度分为若干等级，并采用完全随机的顺序反复

TIPS ⑩

恒定刺激法呈现刺激的次数虽然较多，但与最小变化法和平均差误法相比，每次判断需要的时间较短，因此，实验进度较快，相对来说较为省时。

呈现，要求被试判断每个刺激的强度分别属于哪个等级。由于没有标准刺激，因此可以简化实验判断过程，节省时间。

③用对数单位比较刺激系列法

刺激系列采用对数梯级，特别是在差别阈限较大的感觉领域，刺激系列可以使用对数单位。

知识点 3　3种心理物理学方法的比较 ★★★

1. 相同点

①都要选择好刺激系列和反应系列。
②都要尽量简化对刺激所做的反应。
③都需要较多的测量次数。

2. 不同点

（1）阈限的含义方面

极限法最符合阈限的操作定义，此法的操作在于系统地探查感觉的转折点，它具体准确地体现了阈限的含义。

（2）被试方面

极限法和恒定刺激法都要求较多的实验次数，被试被动参与实验，容易让被试感到疲乏和厌烦。但是**在平均差误法实验中，被试的主动参与能激发其实验兴趣**。从此方面看，平均差误法优于极限法和恒定刺激法。

（3）误差方面

3种方法都会产生较大误差。极限法易产生期望误差、习惯误差和系列误差；平均差误法实际上测到的只是一个估计值，其得到的结果不能与其他方法的结果相比较；恒定刺激法容易产生练习误差、疲劳误差和时间误差。

（4）效率方面

平均差误法的效率最高，恒定刺激法可以把每一组数据都用上，效率较高；而极限法进行的实验次数多、使用数据不充分，所以效率最低。

> **TIPS 11**
> 关于最符合感觉阈限操作定义的方法，不同教材的说法并不相同，本书参考杨治良老师、邓铸老师的教材表述。考生可按照考研目标院校指定参考书的表述进行记忆。

本节小结

　　本节介绍了传统心理物理法所要解决的第一个问题，即对阈限的测量。阈限有绝对阈限、差别阈限之分。基于阈限的操作定义，费希纳提出了3种不同的测量方法：极限法、平均差误法、恒定刺激法。3种方法间存在某些相似之处，但也有很多不同之处。由于3种方法阈限的操作定义不同，所以3种测量方法所得的结果不能进行比较。

第二节 心理量表法

知识点 1　量表的类型 ★

阈上感觉的量化是由心理物理量表来完成的。从心理物理量表是否等距和有无绝对零点来看，可以将心理物理量表分为顺序量表、等距量表和比例量表 3 类。

1. 顺序量表　　　　　　　　　　　　　　　　　》TIPS ①

顺序量表是将对象的某一属性排出顺序。它既不等距，也无相等单位和绝对零点，不能做加、减、乘、除等运算，只能将事物按某一标准排出次序，量化水平较低。建立顺序量表的主要方法有等级排列法和对偶比较法。

2. 等距量表　　　　　　　　　　　　　　　　　》TIPS ②

等距量表是一种有相等单位但没有绝对零点的量表，可进行加、减运算。它不仅能体现事物在某种心理量上的顺序关系，还能反映出心理量之间的相对大小。因此，在量化程度上，等距量表优于顺序量表。建立等距量表的方法主要是感觉等距法和差别阈限法，等距量表也可以由顺序量表转化而来。

3. 比例量表　　　　　　　　　　　　　　　　　》TIPS ③

比例量表又称等比量表、比率量表，是最高水平的心理物理量表。它既有绝对零点，也有等距单位，可进行加、减、乘、除运算。比例量表的制作方法有感觉比例法和数量估计法。

知识点 2　顺序量表的建立方法——对偶比较法与等级排列法 ★

1. 对偶比较法——间接方法

把所有要比较的刺激配成对，然后一对一对地呈现，让被试依据刺激的某一特性对各个刺激进行比较并做出判断：这种特性在两个刺激中的哪一个上表现更为突出。每一个刺激都要分别和其他刺激相比较，假如以 n 代表刺激的总数，那么配成对的个数是 $n(n-1)/2$。当每个刺激都分别与其他刺激比较之后，就得到该刺激各自强于其他刺激的百分比，再依据它们百分比的大小排序，得到的就是顺序量表。

由于在对偶比较法中存在同时呈现或继时呈现，因此实验可能会出现空间误差和时间误差。消除此类误差需要采用 ABBA 法或多重 ABBA 法。

2. 等级排列法——直接方法

同时呈现许多刺激，让被试按照一定标准对刺激进行排序，然后把所有被试对同一刺激评定的等级加以平均，即可求出每一个刺激的

TIPS 1

例如，对于长跑比赛的第一名、第二名、第三名，如果我们知道第一名比第二名快 1 分钟，但由于没有相等单位，所以我们不能推测第二名比第三名也快 1 分钟；由于没有绝对零点，我们也不能说第一名的速度是第三名的几倍。

TIPS 2

例如，A 地气温从 10℃ 下降到 5℃，B 地气温从 5℃ 下降到 0℃。由于有相等单位，所以可以说两地的气温下降幅度是一样的，但没有绝对零点，不能说 A 地气温是 B 地气温的两倍。

TIPS 3

绝对零点是指量表中的零点确实代表了被测量属性的值是零，也就是说，若一项测量结果在比例量表上是零，那么我们可以说某个事物并不具有被测量的属性和特征。

平均等级，最后把各个刺激按平均等级排序，得到的就是顺序量表。

知识点 3 等距量表的建立方法——感觉等距法与差别阈限法 ★

1. 感觉等距法——直接方法

感觉等距法是将某种感觉上的一段心理量，分成主观上相等的若干距离来制作等距量表的方法。在实验中，按是否要求被试同时确定多个主观差异相等的中间刺激，它又分成"同时"和"渐进"两种方法。

①"同时"法中最简单的是二分法。它往往呈现两个刺激 A 和 C，要求观察者选择第三个刺激 B，使得 A 和 B 之间的距离等于 B 和 C 之间的距离。

②"渐进"法每次只要求被试选择一个刺激来等分一个感觉距离，然后分别在两个更小的感觉距离上再进行等分。

2. 差别阈限法——间接方法 >> TIPS ④

差别阈限法是在不同强度的基础上，通过测量差别阈限来制作等距量表的方法。具体操作：

①用任何一种传统心理物理法测出感觉的绝对阈限，并以此为起点，产生第一个最小可觉差的刺激强度；

②以第一个最小可觉差为基准，再测量第二个最小可觉差，……；

③这样测得许多最小可觉差以后，以刺激强度为横坐标，绝对阈限以上的最小可觉差数为纵坐标，画出心理物理关系图，该图就是等距量表。

绝对阈限对应了心理物理量表的零点，最小可觉差是心理物理量表的单位，因此，等距量表的值可由绝对阈限以上最小可觉差的总数决定。

知识点 4 比例量表的建立方法——感觉比例法与数量估计法 ★

1. 感觉比例法——最直接方法

感觉比例法又称分段法，是通过把一个感觉量加倍或减半，或取任何其他比例来建立比例量表的方法。具体做法：

①呈现一个固定的阈上刺激作为标准刺激，然后让被试调整另一个比较刺激，使它所引起的感觉为标准刺激的一定比例；

②每个实验只选定同一个比例进行比较，在同一个标准刺激比较若干次后，再换另外几个标准刺激进行比较；

③在所有的标准刺激都经过比较之后，便可根据与各标准刺激在感觉上成一定比例的相应物理量值制成感觉比例量表。

2. 数量估计法——直接方法

数量估计法要求被试将心理感受直接按其强度赋予数值，也属于制作比例量表的直接方法。具体做法：

①呈现一个标准刺激，并赋予标准刺激一个主观值；

②让被试以这个主观值为标准，把对其他不同强度比较刺激的主观估计值，放在这个标准刺激主观值的关系中进行判断，并用数字表示出来；

③计算每组被试对各个比较刺激量估计结果的几何平均数或中数，再以刺激值为横坐标，感觉值为纵坐标，制成感觉比例量表。

在心理量和物理量关系的实验中，常会出现特别大的数字，所以数量估计法采用的数据通常是几何平均值。几何平均值为 n 个数值相乘之积的 n 次方根。　　　　　　　　　　》TIPS ⑤

例如，3 次测量值为 3、9、27，则几何平均值为 $\sqrt[3]{3 \times 9 \times 27} = 9$。

知识点 5　心理物理函数 ★

心理物理函数是描述对刺激的物理属性和心理感受之间关系的函数，即某种感觉如何随着刺激量的变化而变化。

1. 韦伯定律　　　　　　　　　　　　　　　》TIPS ⑥

（1）韦伯分数

韦伯发现，刺激的差别阈限是刺激本身强度的一个线性函数。对于任何同一类的刺激，产生一个最小可觉差所需的刺激增量总是等于当前刺激量与一个固定分数的乘积，这个固定分数被称作韦伯分数。

（2）韦伯定律的提出

对于所有刺激，无论其作用于何种感觉器官，刺激的增量与原刺激量之间存在固定的数学关系：

$$\Delta \Phi / \Phi = C$$

其中，$\Delta \Phi$ 代表引起差别感觉的最小刺激量，Φ 代表刺激的强度水平，C 代表韦伯分数。

韦伯定律的一个重要作用在于，它使比较不同的感觉通道及不同条件下的感受性成为可能。韦伯定律适用于中等强度水平的刺激。

（3）修正后的韦伯定律

韦伯定律的修正公式能更好地拟合实证研究的数据结果，它在韦伯定律基础上引入了一个新的参数，其数学形式如下：

$$\Delta \Phi / (\Phi + a) = C \text{ 或 } \Delta \Phi = C(\Phi + a)$$

其中 a 通常是一个数值很小的常数。修正后的韦伯定律适用于所有的刺激强度水平。

韦伯最大的贡献在于，他创造性地采用实验的方法来证明阈限的概念，并且使人们能够对不同感觉通道的感受性进行比较。

2. 费希纳定律　　　　　　　　　　　　　》TIPS ⑦

在韦伯工作的基础上，费希纳依据差别阈限法制作等距量表的逻辑和实验结果，提出了传统心理物理学中非常著名的心理物理函数关系——费希纳定律，它也称为对数定律。它预测心理量和物理

费希纳定律的成立依赖两个条件：①韦伯定律对所有类型和强度的刺激都正确；②所有最小可觉差在心理上都相等。但可惜的是，韦伯定律的有效性和最小可觉差的等距性，都没能得到实验数据的证明。

量之间呈对数关系，当物理刺激强度按几何级数增加时，感觉强度按算术级数增加。心理量的增长慢于物理量的增长，即

$$\Psi = K\lg\Phi$$

其中，Ψ 代表心理量，Φ 代表物理刺激高出绝对阈限以上的单位数量，K 代表固定的系数。可将上式解读为：感觉强度的变化和刺激强度的对数变化成正比。

这一函数关系反映在二维直线坐标系中就是一个抛物形的对数关系曲线，反映在半对数坐标系中则为一条直线。

3. 史蒂文斯定律（幂定律）

（1）幂定律的提出

史蒂文斯通过数量估计法发现，心理量和物理量之间的共变关系是幂函数关系，即

$$S = bI^a$$

其中，S 代表感觉量，b 代表由量表单位决定的常数，a 代表由感觉通道和刺激强度决定的幂指数。幂指数决定着按此公式所画曲线的形状。当 a 为 1 时，曲线是一条直线，即刺激量和感觉量之间为简单的正比关系；当 a 大于 1 时，曲线为正加速曲线；当 a 小于 1 时，曲线为负加速曲线。

如果将心理量和物理量的测量数据画在双对数坐标上，则心理量与物理量呈直线关系。

（2）幂定律的修正

和对数定律一样，幂定律不适用于十分靠近阈限的微弱刺激。于是，史蒂文斯等人又提出了修正的幂定律，即从刺激中减去一个常数：

$$S = b(I - I_0)^a$$

其中，I_0 代表绝对阈限值。从 I 中减去 I_0，意味着以阈限上有效单位不是以物理表中零点以上单位去说明刺激。修正后的幂定律可适用于全部可知觉的刺激范围。

幂定律的提出采用了数量估计法所建立的比例量表。由于这一方法涉及对心理感觉的直接测量，因此史蒂文斯提出的幂定律被认为是现代心理物理学的开端。

本节小结

本节介绍了心理物理学中表示心物关系的 3 种心理量表：顺序量表、等距量表和比例量表。这 3 种量表所包含的信息依次增多，等级也相应地依次增高。每种量表有其适用的建立方法，在学习过程中需要做到一一对应。此外，心理物理量表为进一步研究心理量与物理量的共变关系创造了条件，费希纳在韦伯定律的基础上提出了代表传统心理物理学的对数定律，而幂定律的提出则堪称传统心理物理学向现代心理物理学的转折点。

第三节 信号检测论

知识点 1　信号检测论概述 ★

1. 信号检测论的含义　　　　　　　　　　》TIPS ①

信号检测论是关于人们在**不确定的情况**下如何做出决定的理论，它将人对信号的觉察过程看作从噪声背景中分辨出信号的过程。该理论的主要理论依据是**电子通信理论**、**统计决策论**和**概率论**。

2. 信号检测论的提出和引入

（1）信号检测论的提出

在电子通信领域，信息的传输和接收是研究的关键问题。如果信号中混入了很多噪声，信息传输的可靠性就会降低。如何使人们对噪声背景上的信号分辨率达到最好，提高信息传输的可靠性，就是信号检测论所要解决的问题。

（2）信号检测论的引入

1954 年，坦纳和斯韦茨首先把信号检测论应用于人类的知觉过程研究，从而开创了信号检测论在心理学中应用之先河。

人类的感知系统好比一个信号觉察器，各个器官都可以被视为一个信息处理系统。通常，我们可以把刺激看作信号，把刺激的随机物理变化和感知过程中的随机变化看作噪声。这样，就可以将人对刺激的分辨问题等价于在噪声中检测信号的问题。

3. 信号检测论与传统心理物理学的区别　　》TIPS ②

人的感知觉过程实际上包含两方面内容：一是**被试对刺激的感受性（辨别刺激的能力）**；二是**被试判定刺激是否出现的标准**。

传统心理物理学方法把感受性与决策标准混在一起，不能对两者进行区分。信号检测论的**优点**就在于它能**把感受性与决策标准区分开**，并以独立的数据分别进行表达。

知识点 2　信号检测论的基本概念和基本原理 ★★

1. 基本概念　　　　　　　　　　　　　　》TIPS ③

①**信号**：在心理学领域，信号检测论所指的信号即刺激。信号总是伴随噪声，在噪声背景下出现。

②**噪声**：对信号检测起干扰作用的背景称为噪声，它是相对于信号而言的。

2. 基本原理

①信号检测论假定，**噪声总是存在于系统之中，无法消除**。

②由于噪声始终存在，主试有时只呈现噪声刺激（以 N 表示），

例如，甲、乙在家里看电视，外面突然有人敲门。在这里，敲门声就是信号，电视的声音就是噪声。

例如，信号检测的实验表明，用传统心理物理学方法测得的痛觉阈限提高的结果，常常是由改变了决策标准造成的，并不意味着痛觉感受性的下降。而采用传统心理物理学方法无法进行区分决策标准和感受性。

例如，在视觉实验中，要求识别的信号是一个亮点，伴随着亮点信号出现的照度均匀的背景即噪声。

有时同时呈现信号刺激加噪声刺激（以 SN 表示），让被试对信号刺激做出反应。在呈现刺激前，主试要先告诉被试 N 和 SN 各自出现的概率，即先验概率（先定概率）。同时，要向被试说明对判断结果的奖惩措施。

③两个基本假设如下。　　　　　　　　　　　　　　» TIPS ④

a. 不论是只呈现噪声刺激，还是同时呈现信号刺激和噪声刺激，被试的反应都不是唯一的，而是在感觉量上形成两个正态分布：信号加噪声（SN）分布和噪声（N）分布（如图 4-3 所示），两个分布的标准差相等。由于信号总是叠加在噪声背景之下，因此总体上 SN 分布总是比 N 分布的心理感受更强。两个分布的重叠程度决定了被试对噪声和信号的辨别力，即感受性。

b. 既然同样的感觉既可能由噪声引起，也可能由信号引起，那么被试做判断时就需要有一个决策标准。对于在此标准之上的感觉强度，被试判断为"有"信号，否则判断为"无"信号。这个决策标准是在先验概率和奖惩措施的影响下形成的。

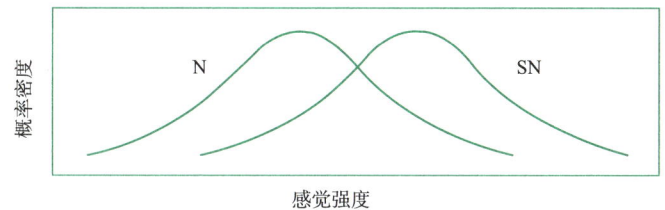

图 4-3　信号和噪声刺激的感觉量分布图

注：N 所标示的曲线是噪声分布曲线，SN 所标示的曲线是噪声加信号分布曲线。两条曲线的重叠部分意味着，同样的心理感受（或感觉强度）既可能由噪声引起，也可能由信号引起。

④在信号检测实验中，被试的反应可分为 4 种——击中、虚报、漏报和正确拒绝，如表 4-1 所示。　　　　　　» TIPS ⑤

表 4-1　信号检测论实验中被试的 4 种反应

呈现的刺激	反应	
	有信号	无信号
信号刺激 + 噪声刺激（SN）	击中（y/SN）	漏报（n/SN）
刺激噪声（N）	虚报（y/N）	正确拒绝（n/N）

a. 击中：当信号刺激出现时，被试报告"有"，又称正确肯定，以 y/SN 表示。其判断概率称为击中率，以 $P(H)$ 或 $P(y/SN)$ 表示，计算方法为击中次数 /（击中次数 + 漏报次数）。

b. 漏报：当有信号刺激出现时，被试报告"无"，又称为失察、错误否定，以 n/SN 表示。其判断概率称为漏报率，以 $P(M)$ 或 $P(n/SN)$ 表示，计算方法为漏报次数 /（击中次数 + 漏报次数）。

TIPS ④

信号检测论假设，呈现任何刺激（甚至是噪声刺激）都会产生感觉量的分布。感觉量不能被直接地观察到，因此信号刺激和噪声刺激的分布都是假定的。当呈现的是噪声刺激时，感觉量较小，多次测试后，就产生一个平均值较小的分布；当呈现的是信号刺激加噪声刺激时，感觉量较大，多次测试后，就可得到一个平均值较大的分布。

TIPS ⑤

例如，在某实验中，给被试呈现 180 个刺激，其中 80 个刺激中有信号和噪声同时出现（SN），100 个刺激中只有噪声（N）出现。某被试的判断结果为：对于 80 个有信号出现的刺激，击中和漏报分别为 60 个和 20 个；对于 100 个只有噪声出现的刺激，虚报和正确拒绝分别为 5 个和 95 个。因此，我们可以计算出对应的击中率 =60/80，漏报率 = 20/80，虚报率 = 5/100，正确拒绝率 =95/100。

c. **虚报**：当只有噪声刺激出现时，被试报告"有"，又称为虚报、误报、错误肯定，以 y/N 表示。其判断概率称为虚报率，以 $P(FA)$ 或 $P(y/N)$ 表示，计算方法为虚报次数/（虚报次数+正确拒斥次数）。

d. **正确拒绝**：当只有噪声刺激出现时，被试报告"无"，又称为正确拒斥、正确否定，以 n/N 表示。其判断概率称为正确拒绝率，以 $P(CR)$ 或 $P(n/N)$ 来表示，计算方法为正确拒绝次数/（虚报次数+正确拒绝次数）。

由上可知，击中、正确拒绝是正确反应；虚报、漏报是错误反应。如果用概率表示，则有 $P(y/SN)+P(n/SN)=1$ 和 $P(y/N)+P(n/N)=1$，即击中率和漏报率之和等于1，虚报率和正确拒绝率之和也等于1。

被试的4反应结果如图4-4所示。

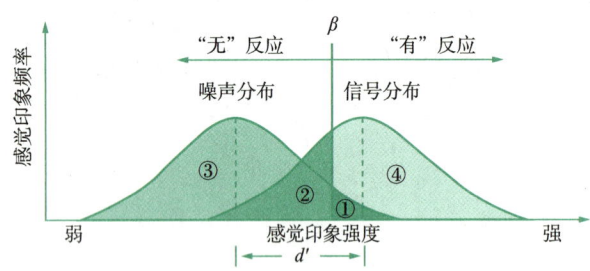

图 4-4　被试的 4 种反应结果图

注：①部分为虚报率；②部分为漏报率；③部分为正确拒绝率；④部分为击中率。d' 表示感受性或被试的敏感程度；β 表示决策标准。

⑤**最优决策原则**是指个体的决策标准一般按照最优原则确定，要让期望值最高，使收益值最大，即提高击中率，降低虚报率。决策标准的影响因素如下。

a. **信号和噪声的先验概率**。当信号和噪声的比值小于1时，被试就倾向于做"无信号"判断，其决策标准较高；当信号和噪声的比值大于1时，被试就倾向于做"有信号"判断，其决策标准较低；若信号和噪声的比值等于1，则被试反应适中。

b. 对判断结果的奖惩措施。例如，设置击中一次奖励20分，漏报一次罚20分，而虚报一次才罚1分，这就会使被试倾向于报告"有信号"，因为这样能使得分的机会最大，反应标准就会定得比较低。

c. 被试的主观目标、信号与噪声的强度差异等。

d. 其他因素：速度－准确性权衡、知识经验、主观预期概率等。

知识点 3　辨别力指数 d' 及接收者操作特性曲线 ★★★

接收者在报告自己对某种信号的感知情况时，总是要受到态度、动机等因素的影响。因此，在判定结果中就出现了客观感知能力与主观反应偏向的交互影响。我们可以通过信号检测论中的两个独立指标——辨别力指数 d' 和反应偏向来区分客观感知能力和主观反应偏向。

1. 辨别力指数 d'　　　　　　　　　　　　　　» TIPS ⑥

（1）含义

辨别力指数 d' 可用来衡量个体的敏感性，即能够从噪声背景中区分信号的能力，可表现为内部噪声分布 $f_N(X)$ 与信号加噪声分布 $f_{SN}(X)$ 之间的分离程度。两者的分离程度越大，敏感性越高；两者的分离程度越小，敏感性越低。

（2）计算方法

$f_N(X)$ 与 $f_{SN}(X)$ 之间的距离可作为敏感性的指标，称为辨别力指数 d'，其等于两个分布的均数之差除以 N 分布的标准差：

$$d' = \frac{M_{SN} - M_N}{\sigma_N}$$

当 N 分布与 SN 分布均为常态分布时，其变异数类同，则有

$$d' = Z_{SN} - Z_N = Z_{击中} - Z_{虚报}$$

d' 越大，表示敏感性越高；d' 越小，表示敏感性越低。

2. 反应偏向

反应偏向可用两种方法计算：一种是似然比 β；另一种是报告标准 C。

（1）似然比 β　　　　　　　　　　　　　　　» TIPS ⑦

①含义

被试的每一次感觉过程都会产生一定的心理感受量值，这个值必然落在噪声分布和信号分布所覆盖的心理感受范围上。心理感受量值对应的两个分布上的纵线高度之比被称为似然比。信号检测论假定，在具体操作中，被试会选择某一个似然比 β 作为判断信号、噪声的分界点，似然比 β 或称决策标准 β。

②计算公式

$$\beta = \frac{击中率的纵坐标}{虚报率的纵坐标} = \frac{O_{击中}}{O_{虚报}}$$

通过 β 可以解释被试对刺激进行判断时所持标准的严格性。一般来说，$\beta > 1$ 说明被试掌握的标准较严格，β 接近或等于 1 说明被试掌握的标准不严格也不宽松，$\beta < 1$ 说明被试掌握的标准较宽松。

（2）报告标准 C

①含义

反应偏向的另一种表示方法是感受经验强度，用符号 C 表示。它决定了由刺激强度所引起的接收者决策标准的所在位置。

TIPS ⑥

在信号强度和噪声强度差别不变的情况下，对于辨别力强的被试来说，SN 分布的平均数和 N 分布的平均数差别就大；对于辨别力差的被试来说，两个分布的平均数的差别就小。因此，$f_N(X)$ 与 $f_{SN}(X)$ 之间的距离就可以作为区别被试辨别力的指标。

TIPS ⑦

注意下式中的 O 代表的是纵坐标，并非击中率或虚报率。β 越大，决策标准越高，被试越倾向于"拒绝"。β 接近无穷大时，击中率几乎为 0；β 越小，决策标准越低，被试越倾向于"接受"。β 接近 0 时，虚报率几乎为 1。

②计算公式

在数学上 C 的单位要转换成刺激强度单位,即

$$C = \frac{I_2 - I_1}{d'} \times Z_1 + I_1$$

其中,I_2 为高强度刺激,I_1 为低强度刺激,Z_1 为低强度刺激时正确拒斥率的 Z 值。C 值**越大**,被试的决策标准**越严格**;C 值**越小**,被试的决策标准**越宽松**。

(3)辨别力指数与反应偏向的区别

在实验中,只要信号刺激的强度不变,d' 就是一个相对稳定的指标;β 和 C 的大小反映被试的反应偏向,即决策标准的变化。如果在实验中改变先定概率的大小或奖惩办法等条件,那么 β 和 C 就会有相应的改变。可见,**辨别力指数相对固定,而反应偏向会随条件的改变而改变**。

3. ROC 曲线

(1)含义

为了形象地表明反应偏向随实验条件改变的情况,就需要绘制接受者操作特征曲线(简称为 ROC 曲线)。ROC 曲线(如图 4-5 所示)就是在**以虚报率为横轴、击中率为纵轴**的坐标中,根据被试在特定刺激条件下,由于采用不同的决策标准得出的不同结果画出的曲线。它又被称作**等感受性曲线**,也就是说,曲线上各点反映的感受性相同,它们都是被试对同一信号刺激的反应,但是曲线上各点的决策标准不同。

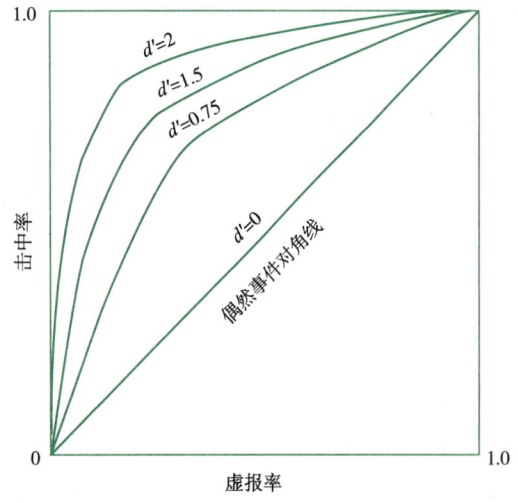

图 4-5 ROC 曲线

(2)绘制方法

①根据先定概率得到的实验结果,计算击中率和虚报率。

②根据所得的击中率和虚报率,求出不同先定概率下的 d' 和 β。

③根据不同先定概率下的击中率和虚惊率,可在图上确定各点的位置,把各点连接起来就绘成一条 ROC 曲线。

(3) 特点

① ROC 曲线上各点反映的感受性相同,决策标准不同。

② ROC 曲线能反映出先定概率对击中率和虚报率的影响,以及决策标准变化时击中率和虚报率的变化。在曲线的左下方,决策标准高、严格,击中和虚报都较少。在曲线向右上方移动时,决策标准变得低、宽松,击中和虚报都更容易出现。

③ ROC 曲线的曲率反映出 d' 的大小,对角线的直线称为偶然事件对角线、机遇线。曲线离偶然事件对角线越远,辨别力越强,d' 越大。

④ d' 的变化使 ROC 曲线形成一个曲线簇,而 β 的变化体现在这一曲线簇中的某一条曲线上不同点的变化。

⑤如果将击中率和虚报率都转化为 Z 分数,那么 ROC 曲线将变成直线。

知识点 4　信号检测论的测量方法 ★★

信号检测论的测量方法主要有 3 种:有无法、评价法和迫选法。

1. 有无法

有无法的基本程序是:事先向被试说明刺激呈现的先验概率以及判断结果的奖惩措施,然后主试以随机方式呈现刺激,让被试判断刚才呈现的刺激中有无信号。主试可通过改变先定概率、改变奖惩办法、给予不同指示语的方式,来操纵被试采用不同的决策标准。

2. 评价法

评价法又称多重决策法或评级量表法。其基本程序与有无法相似,与有无法不同的点在于被试不仅要回答是否有信号,而且还要对自己做出判断的把握性进行评价,并确定一个等级。评价法与有无法相比,其优势在于:保留了较多的信息,更能确定被试的实际辨别能力,可计算不同评价等级下的 d' 和 β。

3. 迫选法

迫选法与有无法、评价法不同,采用迫选法时在让被试进行判断之前,信号与噪声需要连续呈现数次。在数次呈现的刺激中,只有一次出现信号,且信号出现的顺序是随机的,让被试判断哪一次刺激中有信号。采用迫选法时,主试主要关心被试的辨别力,而对其判别标准不太关心。

在其他条件不变的情况下,被试的辨别力与每次呈现的刺激数目有关。一般而言,一次呈现的刺激数目越大,被试分辨的难度就越大。

例如,可以要求被试把评价分成 5 个等级,其中,5 代表最有把握,1 代表最没有把握,2、3、4 则分别代表 3 种中间状态。

知识点 5　信号检测论的应用 ★

1. 在医学研究与临床诊断中的应用

在该领域信号检测论主要应用于对各种疾病的症状做出正确的诊断，判断检查到的症状是信号（疾病症状），还是噪声（正常情况），避免误诊给病人带来的生命和财产损失。

2. 在心理学研究中的应用

在该领域信号检测论主要应用于研究感知觉、认知、个体反应倾向的评价、内隐记忆、阈下知觉和意识等。

3. 在工业心理学的应用

在该领域信号检测论主要应用于研究人们的警戒水平，避免各种操作和作业的失误造成人员和财产损失。

> **本节小结**
>
> 信号检测论是人们在对刺激做判断时，对不确定的情况做出某种决定的理论。其最大的贡献就在于将被试的辨别力（辨别力指数 d'）和反应偏向（似然比 β、报告标准 C）区分开。它使心理物理学方法发展到一个新的阶段，并发展出测量感知觉的不同方法，如有无法、评价法、迫选法等。

名词总结

绝对阈限	差别阈限	极限法	习惯误差
期望误差	练习效应	疲劳效应	平均差误法
动作误差	时间误差	空间误差	恒定刺激法
顺序量表	等距量表	比例量表	感觉比例法
数量估计法	感觉等距法	差别阈限法	对偶比较法
等级排列法	韦伯定律	费希纳定律	幂定律
信号检测论	信号	噪声	先验概率
击中	漏报	虚报	正确拒绝
最优决策原则	辨别力指数 d'	似然比 β	报告标准 C
ROC 曲线	有无法	评价法	迫选法

第五章 主要的心理学实验

　　本章主要介绍实验心理学的经典实验和研究范式,内容涵盖各个研究领域:感觉(听觉、视觉)、知觉、注意、记忆、思维和情绪。此外,本章还简单介绍了认知神经科学中常用的心理学实验技术和仪器。

　　在考试中,本章第一、二、三、六、八节的内容常以选择题的形式进行出题,这些章节也包含一些需要引起重视的知识点,如第三节中的"知觉与觉察实验"这一知识点在考试出题时相对比较灵活;第四、五、七节的内容比较容易以简答题、论述题或综合类型的大题的形式进行出题,对于这三节内容,考生在学习时需花费更多的时间和精力将其理解透彻,尤其要以第五节内容为学习重点。

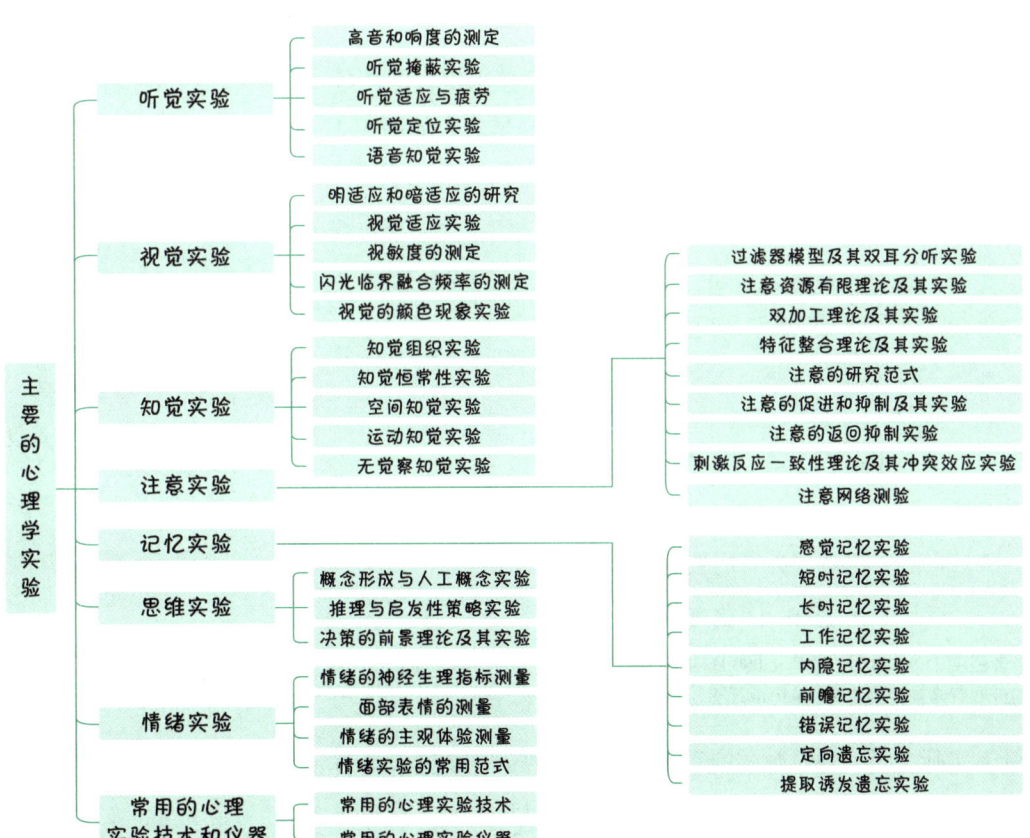

第一节 听觉实验

知识点 1　高音和响度的测定 ★

1. 听觉的含义

听觉是听觉器官对物体振动的声波物理特征的反映。一般来说，人耳所能接收并产生声音感觉的声波频率范围为 16~20 000 Hz，人耳对声波最敏感的频率范围是 1 000~4 000 Hz。　≫ TIPS ①

2. 声音的心理特性

声波有 3 个特征：**频率、振幅、波形**。与之对应，声音也有 3 个特征：**音高、响度、音色**。声波的特征量可以采用物理方法测量，而音高、响度等心理量则需要使用心理量表进行测量。

（1）音高

音高又叫音调，是反映声音频率属性的心理量，单位是美（mel）。音高主要决定于频率的高低，但音强对于音高也有一定的影响。

①音高与频率的关系——音高量表

声波振动的频率越高，人们听到的音调就越高；声波振动的频率越低，人们听到的音调就越低。但两者之间是**非线性关系**，所以不能用频率直接度量音高。

纯音的音高和频率的相关可借助于心理物理法直接求得，即在可听范围内把音高从低到高地分成等级，制成一种音高量表，如图 5-1 所示。音高量表的横坐标表示频率，纵坐标表示音高，由此可以看出音高随声音频率而变的函数关系。　≫ TIPS ②

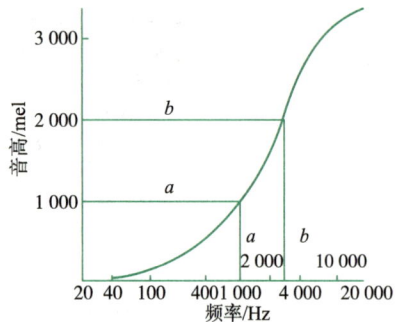

图 5-1　音高量表

注：当声音强度为 40 dB 时，频率 1 000 Hz 的纯音音高被定为 1 000 mel（a 线），频率 3 000 Hz 的纯音音高被定为 2 000 mel（b 线）。

音高量表实际上是一种对数式的等距量表。为便于音高量表的制订，一般以 1 000 Hz、40 dB 的纯音为标准音高，其为 1 000 mel。常用的

TIPS 1

关于人耳所能接收并产生声音感觉的声波频率范围，也有些教材介绍的是 20~20 000 Hz。但在比较精细的心理学研究中，不少被试的音高绝对阈限可以达到 16 Hz。

TIPS 2

纯音是指波形呈正弦曲线的声音，如音叉的声音。在自然环境中我们所听到的声音极少是单一的纯音，一般都是复合音，如乐音、语音等。

制作方法是二分法和多分法。二分法是让被试将一个可变纯音的音高调为标准音高的一半，求得其对应的频率；多分法（这里以四分法为例）是给被试一个高频声 S_1 和一个低频声 S_5，让被试在两者之间调出 3 个音，使各个相邻两音的音高距离相等，从而求得各点对应的频率。

②音高、音强与声音频率的关系——等高线　　» TIPS ③

等高线可以表示音高、音强和声音频率之间的关系。一般来说，随着音强的增加，高频声显得更高，低频声显得更低。只有在中间频率时，音高才是声音频率的函数。而在低频或高频时，音高是声音频率和音强的函数。

（2）响度　　» TIPS ④

响度是由声音强度所决定的心理量，但它不仅与声音刺激的强度有关，也与刺激频率有关。响度的单位是宋（song），1 song 代表 1 000 Hz、40 dB 声波的主观响度。

①响度与音强的关系——响度量表

当刺激的频率保持恒定时，便可以得出一个随声音刺激的强度变化而变化的响度量表——宋量表。响度量表的横坐标表示刺激强度，纵坐标表示相应的响度，由此可看出响度与刺激强度之间呈非线性关系。与音高量表一样，响度量表也可采用二分法、多分法进行制作。

②响度、音强与频率的关系——等响曲线

等响曲线可以表示响度、音强、频率三者的关系，它是由响度水平相同的各种频率的纯音的声压级连成的曲线，如图 5-2 所示。等响曲线的横坐标是各纯音的频率，纵坐标是达到各响度水平的声压级。每一条曲线代表一个响度水平，且每条曲线上各种频率的声音的响度感觉相等。

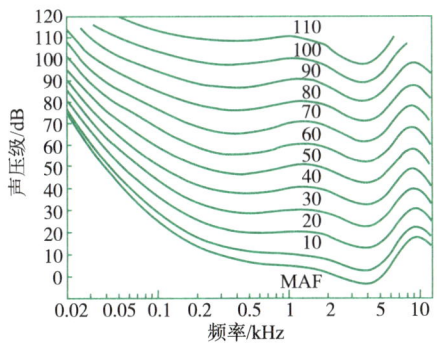

图 5-2　等响曲线

等响量表常用调整法（比较法）来制订，先选定 1 000 Hz 纯音作为标准刺激，然后用各种不同频率的声音作为比较刺激，由被试调节比较刺激的强度，直至比较刺激和标准刺激的响度感觉相等。记录调整后的刺激频率和声压级，就可以得到一个坐标点。依次改

TIPS ③

刺激通过介质（空气）的震动，带动耳朵鼓膜振动，从而产生声音。在这过程中，作用于鼓膜上的便是声压。声压的大小用声压级表示。通常声音强度（音强）就是指声波的声压级，由声波的振幅决定，其单位是分贝（dB）。

TIPS ④

在心理学研究中，衡量音强的心理量称为响度。即音强是客观的物理量，而响度是主观的心理量。

变比较刺激的频率，就可以得到与标准刺激响度相等的一系列坐标点，将这些点连接起来就得到一条等响曲线。

在声压级较低的范围内，等响曲线呈"V"形起伏，说明响度与频率关系较为密切；在声压级较高的范围内，等响曲线趋于平缓，即在相同音强时有近似的响度，响度受频率的影响不明显。

（3）音色

音色是声波波形的一种主观属性，即声音在波形上的差异。纯音不存在音色问题，复合音才具有不同的音色。

知识点 2 听觉掩蔽实验 ★　　　>> TIPS ⑤

1. 含义

听觉的掩蔽指**两个声音同时呈现**时，**对一个声音的听觉感受因受到另一个声音的影响而减弱**的现象。

影响掩蔽效果的有频率、强度等因素。

听觉的掩蔽大致可分为 3 种情况：纯音掩蔽、噪声掩蔽、噪声和纯音对语言的掩蔽。此外，还有非同时性掩蔽和中枢掩蔽两种较特殊的掩蔽类型。

2. 纯音掩蔽

听觉掩蔽的实验研究是从纯音掩蔽开始的。纯音掩蔽的特点如下。

①**低频对高频**的掩蔽效果**大于高频对低频**的掩蔽效果。

②掩蔽音对**频率相近**的声音的影响最大。

③掩蔽音的强度提高，掩蔽效果随之提升，掩蔽范围也扩大。

④掩蔽曲线的形状取决于掩蔽音的强度和频率。

3. 噪声掩蔽

实际生活中最常见的是噪声掩蔽。一个白噪声对纯音掩蔽的实验结果表明，低强度噪声对不同频率纯音的掩蔽效果差异很大，而高强度噪声对不同频率纯音的掩蔽效果相差不大。

4. 噪声和纯音对语言的掩蔽

①噪声的掩蔽效果比纯音的掩蔽效果好，但**噪声要相当大**，噪声大到叫人厌烦的程度才会降低语言的清晰度或可懂度。

②在纯音的掩蔽效果中，300 Hz 比 1 000Hz 的掩蔽作用大。所以要注意排除低频音对语言的频率干扰，以保证语言的清晰度。

5. 非同时性掩蔽

掩蔽也可以发生在噪声和纯音两者非同时作用的条件下。要听的声音叫作**被掩蔽音**，起干扰作用的声音叫作**掩蔽音**。掩蔽音在前，被掩蔽音在后，称为**前掩蔽**；反之则称为后掩蔽。前、后掩蔽有以下特点。

TIPS ⑤

声音的掩蔽现象是听觉实验中必须注意和加以控制的重要因素。如果同时和先后呈现的听觉刺激导致听觉的掩蔽效应，实验结果的正确率和可靠性以及被试的反应速度都会受到影响。

①被掩蔽音在时间上越接近掩蔽音（50 ms 内），掩蔽音的强度阈值提高得越多。此种掩蔽常发生在掩蔽音为 40 dB 以上的情况。

②掩蔽音和被掩蔽音相距很短时，后掩蔽作用大于前掩蔽作用。

③单耳的掩蔽作用比双耳的掩蔽作用显著。

④掩蔽音强度的增加并不增加相应的掩蔽量。

6. 中枢掩蔽

中枢掩蔽是掩蔽音和被掩蔽音分别加于两耳产生的掩蔽。

知识点 3　听觉适应与疲劳 ★　　》TIPS ⑥

1. 听觉适应

（1）含义

听觉适应是指持续的声音刺激引起听觉感受性下降的现象。听觉系统一般对一个稳定声的感受性在最初 1~2 分钟内有所下降，而后很快稳定在一个水平上。

（2）研究方法

研究听觉适应通常采用响度绝对阈限比较法，即在连续呈现声音的前后，分别测响度的绝对阈限，如果后测阈限值高于前测阈限值，就说明发生了听觉适应。

2. 听觉疲劳　》TIPS ⑦

（1）含义

听觉疲劳是指声音刺激强度大大超过听觉感受器的正常生理反应限度的现象，或声音刺激长时间作用于听觉器官而引起听觉阈限暂时提高的现象。

（2）研究方法

通常将听觉绝对阈限强度提高的差异量（暂时阈移）作为衡量听觉疲劳程度的指标。这个听觉绝对阈限强度提高的差异量越大，说明听觉疲劳现象越显著，需要的恢复时间也就越长。　》TIPS ⑧

听觉疲劳现象的产生和程度高低，与呈现的听觉刺激的频率、强度和持续时间有直接的关系。听觉刺激的频率越高、强度越强和持续的时间越长，产生的听觉疲劳现象就越显著，需要的恢复时间也就越长。

知识点 4　听觉定位实验 ★

听觉定位是指利用听觉器官判断发声的空间方位。一般来说，听觉的定位不如视觉的定位准确。在多数情况下，我们往往先听到刺激物的声音，然后转动头，用耳朵与眼睛去寻找声源，最后利用视觉对刺激做出更准确的定位。　》TIPS ⑨

TIPS ⑥

听觉适应与听觉疲劳的区别在于，听觉适应是一个平衡过程，能够达到一个稳定的水平。

TIPS ⑦

前掩蔽和听觉疲劳有些相似，其区别在于两者时距不同，前掩蔽一般限于掩蔽声停止后的几百毫秒。

TIPS ⑧

暂时阈移的测量：先测量某频率的一个音 A 的阈限 a，听一段引起疲劳的特定频率和强度的纯音 B（要求 B 的响度比较大，让人听起来感觉很累，但不至于产生痛觉），听完 B 以后，回过头来再次测量音 A 的听觉阈限 b，暂时阈移就是 $b-a$，听了疲劳音以后，阈值会提高，所以 b 肯定大于 a。

TIPS ⑨

例如，在战场上，如果敌人躲在隐蔽地方射击，战士往往先听到枪声，然后用眼睛去寻找敌人，进行反击。

1. 声音方向定位线索　　>> TIPS ⑩

声音方向定位线索即判断发声体的方向时依赖的因素。由于声源很少来自人体的正中面，因此会产生**强度差、时间差、周相差（相位差）**，我们可以利用这3种线索对声音方向进行定位。

（1）强度差　　>> TIPS ⑪

当双耳离声源的距离不同时，就会产生强度上的差异。强度差不仅和方向有关，还和波长有关，波长越短（频率越高），强度差越大。在耳轴水平面上，声音和前方成60°和120°时，双耳的强度差最大。

（2）时间差

声波到达双耳的时间不一样，听觉中枢系统根据时间差就可以判断出声源的大概位置。

（3）周相差（相位差）

声波由一系列的正压和负压组成，因此，在任何瞬间，最大的正压到达两耳的时间不同，声调在两耳就可能产生周相差。周相差线索在低频上较有效，出现在高频上的概率较小，可靠性差。

2. 听觉空间方向定位的研究方法

（1）双耳分听技术

听觉空间方向定位的经典研究方法是**双耳分听技术**。它既可以研究听觉的空间定位，也可以用于听觉的注意分配的研究。

（2）音笼实验

在早期听觉方向定位的研究中，主要是采用音笼作为实验仪器，来对不同方位、角度的听觉刺激的判断准确性进行研究。**音笼**是一种可以在与听轴的中点等距离的各个方位上产生声音刺激的仪器。

实验过程：让被试戴上眼罩坐在隔音房间的音笼内，保持音笼内的各点与被试头部的距离相同，随机在各个方位呈现声音，让被试报告声源方位。

实验结果如下。

① 来自身体**左、右两侧的声音方位容易分辨**。
② 来自**头部中切面上的声音容易混淆**。
③ 人耳对声源方位的辨别能力在**水平方向上比在竖直方向上更强**。

知识点 5　语音知觉实验 ★

1. 语音的含义及其声学特点

① 含义：语音知觉是指**人对语音的辨识过程**。语音是口语的物质外壳或形式，只有在知觉语音正确时，才能了解语音所代表的意义。

② 语音的成分：**元音、辅音、特殊语音**和**声调**。其中，元音在

TIPS ⑩

立体声听觉就是利用强度差、时间差和周相差的原理产生的。通常当声音频率高于1 400 Hz时，强度差起主要作用；而当声音频率低于1 400 Hz时，时间差起主要作用。

TIPS ⑪

关于双耳强度差的最大值，郭秀艳的《基础实验心理学》和朱滢的《实验心理学》的说法不一致。后者认为在声音和前方成90°时双耳的强度差最大。建议考生按照考研目标院校指定的教材记忆。

汉语音节中占优势。

③语音的组成元素：音调、音强、音色和音长。

2. 语音知觉的声学线索和范畴性

①语音知觉的声学线索（以辅音的研究结果为例） >> TIPS ⑫

a. 发音部位不同的辅音（如 p、t、k）的语音知觉的声学线索依赖它们发音的频率位置和后面元音的 F_2（第二共振峰）过渡的频率。

b. 发音方式不同的辅音（如 b、p、m）的语音知觉的声学线索依赖 F_1（第一共振峰）的特点。

②语音知觉的范畴性 >> TIPS ⑬

语音知觉的范畴性是指当一个语音的声学参量沿着其整个范围变动时，如果其达不到一定数值，那么听者的反应就都在一个范畴内。反应由一个范畴到另一个范畴的这一点称为音位界，类似于心理物理学中的差别阈限。

> **本节小结**
> 听觉是声波作用于听觉器官所产生的感觉。声波的频率、振幅、波形等物理特征决定了声音的音高、响度、音色等心理特征。经典的听觉研究主要关注音高和响度的测量、听觉掩蔽实验和听觉定位实验等方面。

TIPS ⑫

共鸣器官的活动改变了声道的大小和形状，使声道的共鸣性质发生变化，使声音频谱中的一些频率得到共振加强，这些被加强的共振频率称为共振峰。

TIPS ⑬

例如，在浊塞音（声带振动的爆破音）实验中，当其降低到 1 500 Hz 时，反应为 a；当其为 1 500~2 000 Hz 时，反应则为 b。

第二节 视觉实验

知识点 1　明适应和暗适应的研究

为测量人在明暗两种条件下人们对不同波长光线的感受性，有研究者做了如下实验：在光亮条件下，要求被试调节各波长光的强度，使其与一个标准亮度的白光相匹配，即主观上感觉两者的强度相等，然后测出各波长光所需要的能量。同时，在黑暗条件下，要求被试调节各波长光的强度，直至达到视觉阈限水平。

结果发现，在光亮条件下，眼睛对 555 nm 的黄绿光部分只需要较少能量便能与标准光相匹配，而其他波长的光则需要较多能量才能与标准光相匹配；在黑暗条件下，眼睛对 507 nm 的蓝绿光部分只需要较少能量便能觉察，对于其他波长的光则需要较多能量才能觉察。 >> TIPS ①

研究者以波长为横坐标，分别以相对光辐射能量和感受性为纵坐标，绘制了光谱阈限曲线和光谱感受性曲线，具体如图 5-3 所示。

TIPS ①

飞行员戴上红色护目镜是为了保护暗适应，原因在于：人们戴上红色护目镜后，即使在很亮的环境，也可以减弱光的强度，而且只有红光才能进入眼睛，红光可以有效地刺激视锥细胞，因此人们仍可以看清环境；而红光几乎不能刺激视杆细胞，因此，视杆细胞就进入暗适应状态。当需要进入暗处时，人们在黑暗中摘掉护目镜，停留5分钟后就可以完成暗适应曲线的最后一部分，使眼睛感受性达到最高。

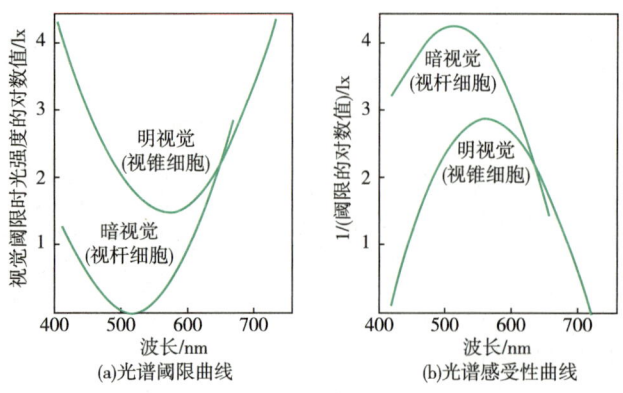

图 5-3 光谱阈限曲线和光谱感受性曲线

知识点 2 视觉适应实验 ★

暗适应的测量方法：先开灯让被试眼睛处于光亮之中 2~3 分钟，然后关灯使被试眼睛处于黑暗之中。从关灯那一刹那起，按一定时间间隔不停地测量被试眼睛的绝对阈限。在整个过程中，黑暗中刺激被试眼睛的光波长及视网膜接受光刺激的部位保持恒定。如图 5-4 所示，测量结果以暗适应时间为横坐标，以阈限刺激值（为使眼睛看到光亮所需的最小强度）为纵坐标作图，便可得到两条暗适应曲线。

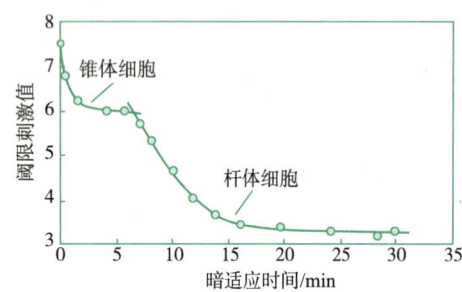

图 5-4 在暗适应过程中视觉阈限的变化

注：上面的曲线反映锥体细胞的暗适应过程，下面的曲线反映杆体细胞的暗适应过程。

知识点 3 视敏度的测定

1. 视敏度的定义

定义视敏度是指眼睛的空间辨别能力，即表现为觉察目标刺激的存在以及辨别物体细节的准确性。

2. 视敏度的测定方法

视敏度的测定方法如图 5-5 所示。

① 最小视点法：觉察。　　　　　　　　>> TIPS ②

觉察不要求区分物体各部分的细节，只要求发现对象的存在。在暗背景上觉察亮物体主要取决于物体的亮度，而不完全取决于物体的大小。在明亮背景下觉察暗物体主要是明暗物体的对比辨别。

TIPS ②

即使人眼观察星星的视角很小，但我们仍能看到它们，因为它们达到了一定的亮度。光线会发生衍射和漫射，因而物体再小，其视像也不是一个细微的点，而是一个扩散的面。

②最小可分法：识别（再认）、解像和定位。　　>> TIPS ③

a. 识别（再认）是确认物体及细节的能力。
b. 解像是知觉不同元素之间分离的能力。
c. 定位是觉察两根线是否连续或彼此是否存在错位的能力。

图5-5　视敏度的测定方法

3. 视敏度的影响因素

①物体的大小和距离：物体变小或距离增加，视敏度下降。
②亮度：和视敏度呈对数关系。亮度增加，视敏度提高。
③对比度：物体与背景的对比度增大，视敏度提高。
④视网膜的位置：中央凹处（锥体细胞集中处）的视敏度最大。
⑤视觉的适应：暗适应比明适应时的视敏度低。
⑥闪光盲：在明适应的条件下，突然的强光刺激会暂时降低视敏度。
⑦练习：练习可提高视敏度。

知识点 4　闪光临界融合频率的测定 ★

1. 测定方法

①**转盘闪烁法**：最早采用制成扇形的圆盘在光源前旋转来测定闪光临界融合频率。在测量过程中，由被试控制转速，转速慢时，可以看到间断的闪光，但达到一定转速后就可以感到连续的光亮。
②可用**闪光融合频率计**或更完善的电子仪器测定闪光临界融合频率。

2. 影响因素

①光相强度和差异：光相强度越高，闪光临界融合频率越高（融合越困难）；光相强度越接近，闪光临界融合频率越低（融合越容易）。
②刺激面积：大面积的闪光临界融合频率比小面积的闪光临界融合频率高。
③网膜位置：当刺激区域小时，视网膜中央凹处（锥体细胞集中处）的闪光临界融合频率比边缘的闪光临界融合频率高。

知识点 5　视觉的颜色现象实验 ★

1. 颜色混合

颜色混合是视觉中主要的颜色现象，其测定方法如下。

TIPS ③

识别可能是我们最熟悉的一种视敏度测量方法，比如，看视力表就是一种识别任务。

①混色轮（颜料混合）：固定在旋转轴上的一个由不同颜色的扇形色纸所组成的圆盘，在转速达到闪光融合临界频率时，即可产生均匀的混合色。

②滤色片（色光混合）：使用透光率不同的滤色片可以得到光谱中的各种单色光。

2. 颜色对比 » TIPS ④

颜色对比是两种不同的色光同时作用于视网膜的相邻区域（同时对比），或者相继作用于视网膜的同一区域（继时对比）时，颜色视觉所发生的变化。颜色对比的结果是**使颜色向其补色变化**。

3. 颜色适应

颜色适应是指**先看到的色光对后看到的色光的影响**，即在颜色刺激作用下所造成的对该颜色的**感受性发生变化**。

①经典的颜色适应实验：先让被试**注视红色强光视野**，待适应后再**看黄色闪光**（1次/秒）。结果显示，被试刚开始感觉到的是**绿色闪光**，经过一段时间后才逐渐感受到了黄色闪光，几分钟后，才完全恢复黄色闪光的感觉。

②**黑尔森**的颜色适应实验：实验在暗室进行，**照明所用的光是红色**，**墙是灰色**，被试进入暗室后，看到的一切东西都是红色的。几分钟后被试适应了室内照明，这时实验者让他判断从黑到白的共19件标本，并要求他根据已掌握的标准对这些标本的色调、明度和饱和度做等级排列。结果发现，**与墙壁背景反射率相近**的样本被判断为**红色**，反射率越高，饱和度越高；**比墙壁颜色深**的样本被认为是**绿色或蓝绿色**，即红色照明的后像补色，反射率越低，蓝绿色显得越饱和。

③**麦考勒**的颜色适应实验：在实验中，让被试先注视**红色**背景的**纵向**黑白相间条纹，再注视**绿色**滤光片的**横向**黑白相间条纹，如此轮换。在过几分钟被试适应后，再呈现一个一半横向、一半纵向的黑白条纹的复合刺激，让被试报告看到的图案和颜色。结果发现，被试报告图片上所有**白色竖条是绿色**，**白色横条是紫红色**。这就是**麦考勒效应**，即一种由适应产生的颜色互补效应，测验图形的条纹方向决定颜色互补效应。

> **TIPS ④**
>
> 在日常生活中，我们很少孤立地观察一种颜色，因此理解各种颜色接近时如何相互影响就非常重要。例如，满头金发的人如果穿上黄色上衣，就会使头上戴点绿，这就属于颜色对比中的同时对比。

> **本节小结**
>
> 本节主要介绍了视觉适应实验、视敏度的测定、闪光融合临界频率的测定以及视觉的颜色现象实验。本节内容与彭聃龄《普通心理学》的感觉一章有较多重合。建议考生在普通心理学中掌握好概念的同时，要辅之以实验心理学中的实验研究进行理解。

第三节 知觉实验

知识点 1 知觉组织实验 ★

知觉组织是指个体因主观经验的影响使客观刺激情境带有强烈的组织倾向。从本质上来说，它是区分图形与背景的过程。

认知心理学对于知觉过程的解释存在两种不同的观点，即直接知觉和间接知觉两种观点。

1. 直接知觉

（1）观点

①直接知觉论认为知觉具有直接性质，其中最具有代表性的是知觉的刺激物说。刺激物说思想最早来源于格式塔心理学。格式塔心理学认为，"完形"是人们先天具备的，可能很少受到观念左右。

②吉布森提出了真正意义上的知觉的刺激物说。他认为，自然界的刺激是完整的，可以提供丰富的信息，利用这些信息，人们完全可以对作用于感官的刺激产生相应的直接知觉经验。

（2）直接知觉实验——视崖实验

证明知觉直接性的实验中，最关键的就是排除过去经验对被试的影响。如果在排除过去经验的影响的情况下，被试的实验结果和未排除时一样，即可证明知觉无须以往经验的支持。其中，最广为人知的研究之一是视崖实验。　　》TIPS ①

2. 间接知觉　　》TIPS ②

（1）观点

间接知觉论在肯定刺激信息的基础上，更强调经验信息，即当经验信息和刺激信息互相协调时，它们共同作用，形成知觉，而当它们互相矛盾时，经验信息往往会压倒刺激信息，在知觉中占主导地位。

（2）间接知觉实验

验证间接知觉论的基本方法是创造经验信息和刺激信息相互矛盾的情境，分离出刺激信息独立作用时和只有经验信息参与时的两种不同知觉。为此，研究者设计了一些不可能图形、三维图形等进行测验。

①不可能图形测验：不可能图形是一种无法获得整体知觉经验的图形，也可说是一种特殊的错觉。

②三维图形测验：由哈德森设计，测验包括11幅图，每一幅图都以不同的形式包含3条深度知觉线索中的一个：熟悉大小、重叠和透视。

③透视错觉实验：使经验和刺激信息相互矛盾，从而分离刺激信息和经验信息。

④主观轮廓实验：主观轮廓是一种错觉现象，指在一片完全同

视崖实验一般在"发展心理学"科目中考查较多，建议考生在发展心理学中进行学习和记忆，在此就不再重复介绍了。

在当代认知心理学中，直接知觉、间接知觉之争常被描绘为自上而下和自下而上知觉加工之间的对立。直接知觉论只关注自下而上知觉加工，而间接知觉论则关注自上而下知觉加工和自下而上知觉加工相结合，即刺激信息和内部经验的匹配。到今天，绝大多数心理学都认同：并不存在纯粹的直接知觉或纯粹的间接知觉，所有知觉都是直接和间接一体两面的过程。

质视域中知觉到的轮廓。在一定程度上，主观轮廓现象也证明了经验在知觉中的参与。

⑤**知觉恒常性**实验：由于在纯刺激作用下，我们总是只对网膜影像反应，不可能产生知觉恒常，所以可将其解释成经验的作用。

⑥**双耳分听**实验：被试大脑中的已有经验已经参与到知觉过程中，从而使得双耳信息发生混淆、整合。

知识点 2　知觉恒常性实验 ★　　》TIPS ③

在普通心理学中，介绍了 4 种知觉的恒常性。在实验心理学中，主要掌握大小恒常性、形状恒常性的相关研究内容即可。

1. 经验和知觉恒常性

知觉不单纯是对客观世界的映像，还包含着主体对客观信息的解释和推理，个体的过去经验在知觉中起着重要的作用。知觉恒常性作为知觉的特性，正说明了过去经验在知觉中的作用。

布伦斯维克提出了一个衡量恒常性程度的量，即**布伦斯维克比率**。

$$BR = (R-S)/(A-S)$$

其中：BR 代表布伦斯维克比率，一般用百分数表示；R 代表被试知觉到的物体大小，即被试对大小判断的结果；S 代表根据视角计算的物体映象大小；A 代表物体的实际大小。

当知觉到的物体大小与物体的实际大小很接近时，布伦斯维克比率趋于 1，这表示趋于完全恒常性；当知觉到的物体大小与按视角计算的物体映象大小很接近时，则表示基本上没有恒常性。

2. 大小恒常性

（1）埃默特定律　　》TIPS ④

假若使刺激物在视网膜形成的视像不变，近处的物体被知觉小，则远处的物体被知觉大。

埃默特发现，知觉到的后像的大小与眼睛和后像所投射的平面之间的距离成正比，后来这条规律被称为**埃默特定律**：$a=A/D$。其中，a 为实际物体在视网膜上成像的大小，A 为物体的大小，D 为人眼和物体之间的距离。

（2）大小恒常性实验——霍威和波灵的实验　　》TIPS ⑤

霍威、波灵考察了影响大小恒常性的几种因素。在实验中，观察者坐在两个长长的、漆黑的走廊的交叉处，在其中一个走廊距离被试大约 3 m 远的地方，呈现一个可调节的、发光的圆形刺激物（比较刺激），同时在另一个走廊距离被试 3~36 m 的地方呈现一个标准圆形刺激物。标准刺激物上标有刻度，以便被试的眼睛到刺激物的距离不同时，投射到视网膜上的视像保持相同（视角为 1°）。

被试的任务是调节比较圆形刺激物的大小，使其与标准圆形刺激物的大小看起来相同。实验一共有 4 种条件。

①双眼观察。

②单眼观察。

在上述③、④两种单眼人工瞳孔的实验条件下，被试的判断几乎没有受到深度线索的影响，而主要是通过投射到视网膜上视像的大小来决定的。因此，大小恒常性的实验结果说明，深度线索消失后，恒常性也几乎消失。

③单眼人工瞳孔观察：通过一个小孔进行单眼观察，这样就消除了一些在正常情况下提供的深度知觉线索，比如双眼线索和头的运动。

④单眼人工瞳孔无深度线索观察：在每个标准圆形刺激物的周围用黑布遮挡，组成一条黑布的通道，从而进一步减少地板、墙壁和天棚等深度线索的影响。

霍威和波灵测量大小恒常性的实验图示如图5-6所示。实验结果（如图5-7所示）显示，双眼观察和单眼观察条件下的大小恒常性都是最好的，两者间无显著差异，单眼人工瞳孔观察条件下的大小恒常性次之，单眼人工瞳孔无深度线索观察条件下的大小恒常性最不好。这一结果说明**深度线索对大小恒常性起到非常重要的作用**。

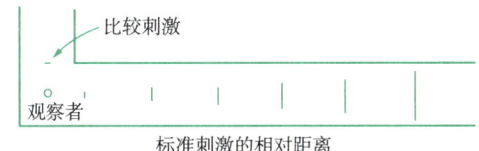

图 5-6　霍威和波灵测量大小恒常性的实验图示

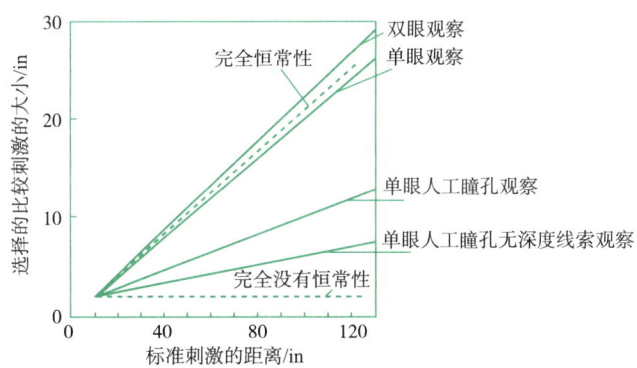

图 5-7　霍威和波灵测量大小恒常性的实验结果

注：上面的一条虚线表示理想的、完全的恒常性的判断结果：调节出的比较圆形刺激物的大小随着距离的增加而逐渐增加的标准圆形刺激物的大小完全相同。下面的一条虚线表示完全没有恒常性的情况：不管观察距离如何变化，调节出的比较圆形刺激物的大小永远与标准圆形刺激物在约3 m（视角为1°）时的大小相同，即以视网膜像的大小来进行匹配。

3. 形状恒常性

在形状恒常性的研究中，研究者们做了大量关于知觉形状与倾斜知觉关系的实验，因为物体倾斜程度的信息是我们正确判断一个物体形状的基础之一。

①**索利斯**发现，观察者对物体形状的判断大多介于真实形状与倾斜形状之间，判断条件越少，判断的形状与真实形状的差异越大。但即使在正常的视觉条件下，观察者也很少表现出完全的形状恒常性。

②**梅内吉尼、莱博维茨**研究了**年龄与形状恒常性的关系**。研究以4~21岁的群体为被试。在实验中，先给被试呈现一个目标刺激——可倾斜成各种角度的圆形，然后要求被试在4种倾斜角度的

比较刺激中，选择一个与目标刺激实际形状相同的比较刺激。这些比较刺激是一系列圆形到逐渐拉长的椭圆形。研究结果表明，形状恒常性随着年龄的增长呈现下降趋势。

知识点 3　空间知觉实验 ★

1. 惠斯通——立体镜　　　>> TIPS ⑥

我们用双眼看东西时，左眼和右眼所看到的映象并不相同。这种稍有差别的映象合二为一，就产生了立体知觉。

惠斯通根据立体知觉的原理，发明了立体镜。立体镜的原理是，先把从每只眼睛的角度所看到的画面制作出来，然后把这两幅略有不同的画面分别呈现给左、右眼，从而形成一个立体的图像。

2. 朱里兹——成功分离双眼视差与其他深度线索

①实验过程：用计算机制作一对随机点子图，两幅图中除了右图的中央一小块比左图的中央一小块略向左移动一些外，其余相同。将两张图以不同的方式呈现给被试，看是否产生深度知觉。

②实验结果：当把两幅图中任何一张呈现给被试，或把两幅图呈现给被试的一只眼睛时，被试均不产生深度知觉；与把它们放在立体镜上，分别把两幅图同时呈现给被试的两只眼睛时，被试产生了深度知觉。图中央的一小块突出地浮现在周围的点子背景之上。

③实验结论：在完全缺乏单眼线索的情况下，双眼视差依然能产生深度知觉。

> **TIPS ⑥**
> 在空间知觉中，考试主要要求掌握双眼视差相关的实验研究内容，因此这部分只介绍双眼视差的两个相关实验。

知识点 4　运动知觉实验 ★　　　>> TIPS ⑦

1. 真动现象

（1）含义　　　>> TIPS ⑧

真动现象是指我们所见到的物体确实在移动，而且其速度达到知觉阈限。刚刚可以辨认出的最慢的运动速度称为运动知觉下阈；快到看不清运动的速度称为运动知觉上阈。决定运动知觉的是角速度。

（2）真动现象实验

布朗分析了阈限上运动物体的物理速度的主观估计问题。实验中，被试要观察一个运动速度大于比较刺激1倍的标准刺激，且标准刺激所在的背景是比较刺激所在背景的2倍。

结果显示，被试往往把比较刺激的速度调整到大约标准刺激速度的一半。这说明，速度依赖物体的相对大小及其背景（参照系统）。

2. 似动现象

①普拉提制造了第一个动景盘，它是演示似动现象的常用教学工具。

> **TIPS ⑦**
> 注意，一些教材将诱动现象归属于似动知觉中，将运动知觉仅分为真动知觉和似动知觉。本书主要参考杨治良的《实验心理学》的分类，考生可依据考研目标院校指定教材的分类进行记忆。

> **TIPS ⑧**
> 例如，在短时间内，我们很难看到时针、分针的运动，但却可以看到秒针的运动。即当物体运动速度太快或太慢时，我们都知觉不到它的运动。

②**韦特海默最早对似动现象进行系统和细致研究**，他探索了形成似动知觉所需要的最适宜条件。

③灯泡实验：放置两个相隔一定距离的静止灯泡（A 和 B），它们以一定的速率交替发光，即一个灯泡亮时，另一个灯泡关闭。似动现象的产生依赖这两个灯泡亮暗交替的时间间隔（ISI）。实验结果表明，当 ISI 为 30~200 ms 时，就会产生某种程度的**似动现象**，即发光的灯泡从位置 A 移到位置 B；如果 ISI 大于 200 ms，我们将知觉到交替闪亮的两个灯泡；如果 ISI 小于 30 ms，我们会看到在位置 A 和 B 上同时闪亮的两个灯泡。当 ISI 为 60 ms 时，出现**最理想的似动现象**。

④**运动竞争范式**：陈霖采用运动竞争范式研究了**拓扑不变性质和似动现象的关系**。

a. 拓扑不变性质：指在拓扑变换下图形保持不变的性质和关系。例如，连通性、封闭性、洞等都是典型的拓扑性质。　　**» TIPS ⑨**

b. 运动竞争范式实验：先呈现图 5-8（b），再呈现图 5-8（a）和图 5-8（c）。图 5-8（a）和图 5-8（c）是由图 5-8（b）中的一条线段平移相同的距离得来的，它们具有不同的拓扑性质，图 5-8（a）为封闭图形，而图 5-8（c）为不封闭图形。被试可以调节图形各自呈现的时间和时间间隔，以便产生似动知觉。实验任务是判断图 5-8（b）看起来是向图 5-8（a）还是图 5-8（c）运动。

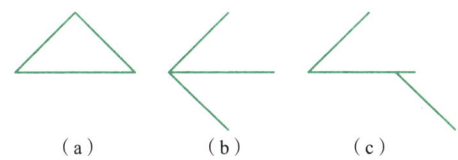

图 5-8　运动竞争范式中的刺激图形

实验结果表明，图 5-8（b）有向图 5-8（c）方向运动的优先性。这一结果证明，在似动现象中，视知觉拓扑结构假设依然成立。

3. 诱动现象　　**» TIPS ⑩**

诱动现象是一种视错觉，就是说观察者知觉到某个物体的运动，而实际上该物体根本没有发生空间位移，只是由于其他物体的运动使得被观察物体好像在运动。常见的诱动现象是由人体的移动或眼动引起的。

知识点 5　无觉察知觉实验 ★★★

1. 无觉察知觉的含义

无觉察知觉又称无意识知觉，是指虽然个体的意识没有觉察到刺激，但该刺激却对个体的行为产生了影响，即**个体无意识地对刺激进行了加工**。

TIPS ⑨

依据拓扑理论，虽然实心圆、实心三角形和实心正方形是形状不同的图形，但它们是拓扑等价的，因为它们都是实心的；而实心圆和圆环则拓扑不等价，因为前者不包含洞，而后者包含洞。

TIPS ⑩

一般来说，相对于较大的、不封闭的物体，较小的封闭物体容易被"诱导"运动。

2. 神经病理案例研究

在神经病理案例研究中，**盲视和单侧忽视现象证明了无意识知觉的存在**。

（1）盲视

盲视是韦斯克兰茨提出的概念，用来描述没有意识到知觉存在时，盲区所产生的视觉能力。

1986年，韦斯克兰茨报告了一例盲视病人 D. B. 的事例。D. B. 在每只眼睛视野的左半部都有一个盲点。他尽管看不见在盲区内的物体，但却能够对物体进行清晰定位。韦斯克兰茨对这种在无意识情况下的准确判断能力进行了进一步测试。在一些实验中，要求 D. B. 对光斑是否存在及其位置进行迫选猜测，在另一些实验中则要求 D. B. 猜测线条的方向。

结果发现，D. B. 在盲区的定位、觉察和目标方位的猜测结果，都比随机猜测的结果要好得多。并且在很多情况下，D. B. 在盲区的视觉活动上的表现几乎和在正常视野的视觉活动上的表现得一样好。但 D. B. 不能辨别在盲区出现的物体。

（2）单侧忽视

单侧忽视也称半球忽视，是指由于大脑半球损伤而引起的注意能力受损。但有证据显示单侧忽视患者仍能知觉到忽视区域的信息。

3. 无觉察知觉的测定　　》》TIPS ⑪

在认知实验研究中，常用的无觉察知觉测定方法有 **Stroop 启动实验和错误再认范式**。

（1）Stroop 实验（Stroop，1935年）　》》TIPS ⑫

①实验材料：在字色和字义上相矛盾的词汇材料，如黑色墨水写的"WHITE"。

②实验过程：给被试呈现用不同颜色书写的颜色词，要求被试快速报告字的颜色。实验中包括3种条件。

· 一致条件：颜色词的含义与字色一致，如用蓝色墨水写的"BLUE"；

· 不一致条件：颜色词的含义与字色不一致，如用蓝色墨水写的"RED"；

· 中性条件：颜色词的含义与字色无关，如用红色墨水写的"HOUSE"。

③实验结果：一致条件下，被试的报告速度要快于中性条件下的报告速度；不一致条件下，被试的报告速度则慢于中性条件下的报告速度。这一现象称为 Stroop 效应。

④实验结论：被试在报告字的颜色时，容易受到字义的干扰，

Stroop 启动实验是在 Stroop 实验的基础上发展而来的，因此，在介绍 Stroop 启动实验之前，我们先介绍经典的 Stroop 实验。

Stroop 效应是指同一刺激的颜色信息和词义信息相互干扰。从更广泛的意义来看，这就是一个刺激的两个不同维度发生相互干扰的现象。

即对单词含义的知觉影响了对单词颜色的判断。

（2）Stroop 启动实验（马塞尔，1983 年） >> TIPS ⑬

马塞尔设计了用于研究无意识知觉存在与否的 Stroop 启动范式，通过在启动词后呈现掩蔽刺激来操纵被试对启动词的意识状态。

①实验材料：颜色色块、颜色启动词、中性词。

②实验过程：先呈现一个启动词（如"BLUE"）之后，马上再呈现一个色块（如红色色块），被试的任务是尽快判断色块的颜色。启动词的词义可能与色块颜色相同、不同和无关，分别构成一致、不一致和中性条件。此外，主试采用精密的掩蔽技术来控制启动词与色块呈现时间的间隔，从而操纵被试对启动词的知觉程度。

·意识状态下，掩蔽刺激和启动词之间间隔时间较长，被试有充足的时间加工启动词。

·无意识状态下，掩蔽刺激和启动词之间间隔时间较短，这会阻断被试对启动词的加工。

③实验结果：一致条件下的反应时快于中性条件下的反应时，不一致条件的反应时慢于中性条件的反应时，这一现象称为 Stroop 启动效应。在意识和无意识状态下，都产生了 Stroop 启动效应。即在掩蔽刺激和启动词之间间隔时间较短的情况下，被试也能知觉到启动词。

④实验结论：Stroop 效应可以在启动形式下发生；知觉可以在无意识状态下发生。

（3）实验性分离的 Stroop 启动实验（奇斯曼和梅里克尔，1986 年）
>> TIPS ⑭

实验性分离指的是通过操纵一个自变量，将两个对象或概念区分开。如果发生实验性分离，便可以认为这两个对象或概念在本质上是不同的。

奇斯曼、梅里克尔改进了 Stroop 启动实验，通过操纵启动词和色块颜色一致的概率，对意识和无意识水平的知觉进行了实验性分离。

①实验过程：与 Stroop 启动实验相似，同样将启动词与色块颜色之间的关系分为一致、不一致和中性条件，将启动词的意识水平分为意识状态、无意识状态；此外，增加对一致条件出现概率的操纵，出现概率可分为 0.33、0.67 两种比例。

②实验结果（如图 5-9 所示）：在意识状态下，当一致条件出现概率增加时，一致条件的反应时变短，不一致条件的反应时变长，即出现了频率效应；在无意识状态下，当一致条件出现概率增加时，没有观察到频率效应。

③实验结论：频率效应在意识和无意识条件出现实验性分离。只有在启动词被意识到时，频率效应才存在。这也证实了意识知觉

TIPS ⑬

在 Stroop 范式中，颜色和语义混杂在同一物体中。如果我们将颜色和语义剥离出来，让两者独立，那么语义是否还会干扰颜色加工呢？此外，在无意识知觉下，这种干扰效应还存在吗？如何用实验区分无意识和意识知觉状态？这正是 Stroop 启动实验试图解决的问题。

TIPS ⑭

在 Stroop 启动实验中，存在频率效应，即如果一致条件出现的概率提高，被试就会倾向于报告启动词代表的颜色，从而使一致条件的反应时变短，不一致条件的反应时变长。这是被试主动选择的一种有意识的策略。通过验证频率效应存在与否，就可以对意识和无意识知觉进行实验性分离：如果启动词呈现在意识状态下，频率效应就会出现；如果启动词呈现在无意识状态下，频率效应就不会出现。

与无意识知觉之间的本质区别。

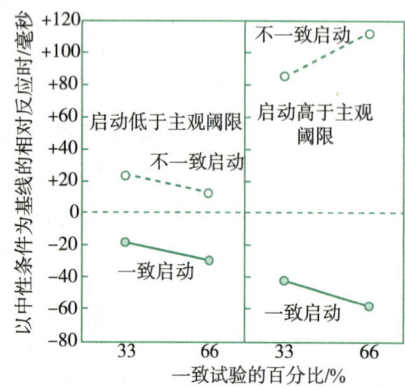

图 5-9　奇斯曼和梅里克尔实验性分离的 Stroop 启动实验的结果

注：横轴表示一致条件出现概率的变化，纵轴表示一致条件、不一致条件与中性条件的反应时之差。由图可知，在意识状态（启动高于主观阈限）下，不一致条件的反应时比中性条件的反应时长（反应时之差为正值），一致条件的反应时比中性条件的反应时短（反应时之差为负值）。且随着一致条件出现概率的增加，长的越长，短的越短，出现了频率效应；但在无意识状态（启动低于主观阈限）下，随着一致条件出现概率的增加，未观察到频率效应。

（4）错误再认实验

错误再认是指在进行再认测验时，被试对那些没有学过的项目给出"学过"的反应。**雅各比、怀特豪斯**进行了错误再认实验。

①实验过程：让被试记忆一些单词，随后进行再认测验。在再认阶段，每个单词呈现之前，先闪现一个背景词用于干扰被试的反应，再通过控制背景词呈现的时间，区分出意识知觉和无意识知觉。

背景词和测验词有 3 种关系。

· 匹配，即背景词和测验词完全相同。

· 不匹配，即背景词和测验词完全不同。

· 中性，即背景词是非词字母串。

②实验结果：当背景词呈现时间很短，被试不能意识到时，如果背景词与测验词相同，则一个没学过的单词更有可能让被试做出已学过的反应；当背景词呈现时间很长，被试能意识到时，如果背景词与测验词相同，被试对没学过的单词更有可能做出没学过的反应，即错误再认率较低。

③实验结论：**无意识知觉影响了再认记忆的判断**。

> **本节小结**
>
> 与感觉的研究一样，知觉也是心理学建立之初就开始研究的基础领域。关于知觉的经典研究主要集中在知觉组织、知觉恒常性、空间知觉、运动知觉等方面。以往，心理学家们认为知觉一定是发生在意识层面的，毕竟如果知觉是对"某件事"的经验或感觉，那么我们必须要先觉察到"某件事"。但近年来，研究者逐渐发现了无意识知觉的存在，即知觉也可以涉及无意识层面的加工。

第四节　注意实验

知识点 1　过滤器模型及其双耳分听实验 ★★

1. 早期选择模型的实验证据——双耳分听实验

双耳分听实验是让被试的双耳同时、分别听到两个相互独立的声音，这一操作通常用立体声耳机来实现。

（1）布罗德本特的双耳分听实验（1954年）

①实验过程：被试两耳同时听到不同刺激（左耳为6、2、7；右耳为4、9、3），其中6和4、2和9、7和3同时出现。数字的呈现速度是每秒2个。要求被试以3种方式再现：以耳朵为单位 分别再现，如627、493；按接收信息的时间顺序 成对再现，如64、29、73；随意再现，从前两种方式中任选一种。

②实验结果：分别再现的正确率为65%；成对再现的正确率为20%；随意再现时，被试多采取分别再现的方式。

③实验结论：过滤器只允许每个通道的信息单独通过，所以以耳朵为单位的分别再现被优先选择，且其效果也优于通道之间不停转换的成对再现的效果。这一结果 支持早期选择模型。

（2）彻里的双耳分听的追随耳实验（1953年）

①实验过程：给被试的两耳同时、分别听两个不同的声音。例如，左耳听一组词"fox、tango、quick"，右耳听另一组词"jump、red、one"。在实验中，被试需要 注意并大声重复一只耳朵（追随耳）所听到的词，而 忽略另一只耳朵（非追随耳）听到的词。当声音播放完毕后，让被试报告刚才听到的信息内容。

②实验结果：被试能够很好地再现追随耳听到的信息，而对非追随耳的刺激，除了能觉察一些物理特征变化（如语言由男声变为女声）之外，对其他细节信息则不能报告，甚至将非追随耳的刺激改为德语等其他语言被试也觉察不到。

③实验结论：从追随耳进入的信息，由于受到被试的高度注意，得到进一步的加工；而从非追随耳进入的信息，由于没有受到被试的高度注意，没有得到深入加工，因此大部分信息就被忽略了。这一实验结果 支持早期选择模型。

2. 中期选择模型的实验证据——双耳分听追随耳实验

双耳分听追随耳实验就是要求被试在双耳分听的过程中，始终复述某一个耳朵听到的信息，而忽略来自另一耳朵的信息。这两只耳朵被分别称为追随耳和非追随耳。

（1）特雷斯曼的双耳分听追随耳实验一（1960年）

TIPS 1

双耳分听实验的逻辑：每只耳朵就相当于刺激输入的一个通道，双耳即有两个通道。根据过滤器"全或无"的工作方式，不管有多少通道同时向大脑输入信息，都只能每个通道单独通过，不能两个通道的信息一起通过。在第一种分别再现的方式中，被试能注意每只耳朵的全部项目，只需要将信息从左耳转到右耳或从右耳转到左耳，即只需要转换一次，因此分别再现的效果较好；在第二种成对再现的方式中，被试不能注意每只耳朵的全部项目，信息至少需要在双耳之间转换3次，信息损失较多，因此成对再现的效果较差。

TIPS 2

彻里注意到，在一场鸡尾酒晚会中，人们可以巧妙地转移自己的注意，在整个晚会里的不同对话之间"切换"。当我们专心于某一种声音时，我们就能够很好地分辨这一声音，而其他声音的干扰会大大减小。由此，彻里设计了双耳分听实验，并验证了他的发现：注意是具有选择性的。

①实验过程：对被试的追随耳呈现的信息是"There is a house understand the word"，对非追随耳呈现的信息是"Knowledge of on a hill"，要求被试报告追随耳听到的信息。

②实验结果：被试报告听到的内容是"There is a house on a hill"，并声称这是从一只耳朵听到的。

③实验结论：当有意义的材料分开呈现在追随耳和非追随耳时，被试会<u>自动追随双耳信息的意义</u>。这种现象只在过滤器允许被试<u>同时注意两个通道</u>时才会发生。而且，注意的选择性不仅依赖刺激信息的感觉特征，还依赖刺激信息中的意义（语义）特征。

（2）特雷斯曼的双耳分听追随耳实验二（1964年）

①实验过程：给被试的追随耳呈现英文小说材料。给被试的非追随耳呈现的材料则有两种情况：呈现英文小说材料；呈现生物化学材料。

②实验结果：当给被试两耳呈现的材料为英文小说时，非追随耳的信息可以得到一定的识别；但当给非追随耳呈现的信息为生物化学材料时，则非追随耳的信息难以识别。

③实验结论：给两耳呈现的材料相同时，输入追随耳的信息会激活被试记忆中的项目，而又因为给两耳呈现的<u>材料相同</u>，这就使得与非追随耳相同或相近的项目<u>阈限降低，更容易被激活</u>；给两耳呈现的材料不同时，由于两耳信息内容相差较大，非追随耳中的项目阈限无变化，就难以被激活。

为了进一步证实这个观点，特雷斯曼又进行了一个英法双语被试的实验。同理，给被试追随耳呈现英文小说，给被试非追随耳呈现法语小说。结果显示，法语比较差的被试中，只有2%的被试知道非追随耳呈现的法语信息；而法语比较好的被试中，有55%的被试知道非追随耳呈现的法语信息。

3. 晚期选择模型的实验证据——双耳分听靶子词实验

>> TIPS ④

双耳分听靶子词实验是同时给被试的左、右耳呈现刺激，在两只耳朵中随机呈现一些靶子词，无论靶子词出现在哪只耳朵，被试都需要对靶子词进行反应。

（1）哈德威克：双耳分听靶子词实验（1969年）

①实验过程：给被试的双耳同时呈现刺激，要求被试同时注意双耳的刺激，靶子词既可能出现在左耳，也可能出现在右耳。当听到靶子词时，无论是从左耳还是右耳听到，被试都要做出反应。

②实验结果：两耳对靶子词的反应率都达到了59%~68%，且双耳差异不显著。

TIPS 3

虽然在追随耳实验一中，被试的任务是只注意追随耳的信息，但由于双耳呈现的信息都是有意义的句子，被试会自动追随这种语义。若把被试的任务看成是自上而下的加工（目标驱动），那么对句子语义的加工就是自下而上的加工（刺激驱动）。在完成任务的过程中，被试可能受到特殊刺激的干扰，即自上而下和自下而上的注意互相竞争的过程，这也是注意领域比较热门的研究问题。

TIPS 4

双耳分听靶子词实验的逻辑：依据反应选择模型，双耳通道的信息都可以进入高级知觉分析水平，因而追随耳和非追随耳都能听见靶子词并做出反应，且双耳的反应次数应该相近。

（2）希夫林：双耳分听靶子词实验（1974年）

①实验过程：让被试在白噪声的背景上，识别一个特定的辅音。该实验设计了3种实验条件：同时注意双耳；只注意左耳；只注意右耳。

②实验结果：在3种条件下，被试对特定辅音的识别率没有显著差别。

哈德威克和希夫林的实验结论：无论是单耳还是双耳都能识别输入的信息，只要所处的条件相同，就能得到相同的识别率。以上两个实验的结果都支持了反应选择模型。

4. 知觉选择模型和反应选择模型的比较

早期、中期选择模型都选择一部分信息进入高级知觉分析水平，使之得到识别，注意选择都是知觉性质的。因此，它们可以看作<u>注意的知觉选择模型</u>。而晚期选择模型又叫反应选择模型。

（1）两类注意模型的争论——双耳分听追随耳实验　　» TIPS ⑤

①**特雷斯曼的双耳分听追随耳实验一（Treisman 和 Geffen，1967年）**

a. 实验过程：同时将刺激呈现给双耳，分别随机地安排一些特定的靶子词，并要求被试无论是追随耳还是非追随耳听到靶子词，都要做出反应。记录双耳对靶子词的反应次数。

b. 实验逻辑如下。

·依据单通道过滤器模型，追随耳能听到靶子词并做出反应，非追随耳听不到靶子词且不能做出反应。

·依据衰减模型，追随耳和非追随耳都可听到靶子词并做出反应，但追随耳对靶子词的反应次数应多于非追随耳。

·依据反应选择模型，追随耳和非追随耳都可听到靶子词并做出反应，且两耳对靶子词的反应次数接近。

·实验结果：追随耳对靶子词的反应率是86%，而非追随耳对靶子词的反应率是8%。

·实验结论：追随耳和非追随耳都可听到靶子词并做出反应，但追随耳的反应率高于非追随耳的反应率。这一结果有利于衰减模型，或者说支持了知觉选择模型。

多伊奇的批评：实验设计中的双耳处于不等地位。在追随耳中，被试对靶子词既要复述又要按键反应，相当于要做出两次反应；在非追随耳中，被试对靶子词只要做一次按键反应。这无疑要影响双耳信息的重要性，也就是说，追随耳的信息会显得比非追随耳的信息重要得多，所以才导致了追随耳对靶子词的反应率更高的结果。

TIPS ⑤

你以为特雷斯曼的模型取得压倒性胜利了吗？其实并没有。所以，对于任何权威学者的实验，同学们都要勇于找问题，保持质疑一切的态度。经典未必正确，权威也未必正确，只有经得起时间重复验证的才是暂时正确的。

②**特雷斯曼的双耳分听追随耳实验二（Treisman 和 Riley，1969 年）**

a.实验过程：要求被试当从追随耳中听到靶子词后，不对靶子词进行复述，使双耳在接收靶子词的条件上一致。其他操作同双耳分听追随耳实验一。

b.实验结果：追随耳对靶子词的反应率是 76%，非追随耳对靶子词的反应率为 33%。

c.实验结论：同双耳分听追随耳实验一，支持知觉选择模型。

批评：这个实验设计仍使双耳处于不等地位。因为不仅其中一只耳朵始终为追随耳，而且从靶子词来看，追随者听到靶子词即停止复述，也会让追随耳的信息显得更突出和重要。

因此，从特雷斯曼试图厘清两类注意模型的实验证据来看，目前并不能做出任何肯定的结论。可以设想，注意既可以是知觉选择，也可以是反应选择，在不同的条件下，可有不同的选择。

（2）验证两类注意模型时的问题

①主张**知觉选择模型**的研究者一般都运用**双耳分听追随耳实验**的方法。这种实验方法将注意引向一个通道，然后来分析和比较两个通道的作业情况。他们所研究的是**集中性注意**。

②主张**反应选择模型**的研究者一般都运用**双耳分听靶子词实验**的方法。这种实验方法使注意分配到两只耳朵中。他们所研究的是**注意的分配性**。

③以前的实验研究都是在听觉通道中进行的，很少涉及其他感觉通道。

知识点 2 注意资源有限理论及其实验 ★★

1.约翰逊、海因茨：双耳分听靶子词实验（1979 年）

①实验过程：要求被试追随靶子词（靶子词不固定在某一只耳朵中出现）。

靶子词与非靶子词的语义可分为两种水平：一种是**低语义可辨度**，即非靶子词与靶子词同属一个范畴；另一种是**高语义可辨度**，即非靶子词与靶子词属于不同范畴。

靶子词和非靶子词的呈现也有两种水平：一种是**低感觉可辨度**，即两者由同一个男性声音读出；另一种是**高感觉可辨度**，即靶子词由男性读出，非靶子词由女性读出。

被试的任务是复述所听到的靶子词，实验完毕后要求被试回忆所呈现的非靶子词。

②实验结果：不管语义可辨度的高低，非靶子词回忆的数量在

低感觉可辨别度下多于在高感觉可辨别度下。   »TIPS ⑥

③实验结论：这一结果支持注意资源有限理论。

2. 约翰逊、威尔逊：双耳分听靶子词实验（1980年）

（1）实验过程：给被试的双耳同时呈现一个字词，被试的任务是觉察事先规定的某一范畴的字词，即靶子词。靶子词均为双义词，即至少具有两个不同的意义。当给一只耳朵呈现靶子词时，同时给另一只耳朵呈现非靶子词。非靶子词有3种类型：偏向双义词的适宜意义词、偏向双义词的不适宜意义词、中性词。   »TIPS ⑦

靶子词的呈现方式有两种：不固定呈现给哪一只耳朵，被试事先也不知道靶子词将来自哪只耳朵（分配性注意）；只呈现给左耳，被试事先知道这一点（集中性注意）。

（2）实验结果如下。   »TIPS ⑧

①在分配性注意下，适宜的非靶子词有利于靶子词的觉察（觉察为67%），而不适宜的非靶子词则有损于靶子词的觉察（觉察为46%）。

②在集中性注意下，非靶子词的类型对靶子词的觉察均不起作用。

③在集中性注意下对靶子词的觉察率高于在分配性注意下对靶子词的觉察率。

④在适宜的非靶子词作用下，对靶子词的觉察率高于在不适宜的非靶子词作用下对靶子词的觉察率。

（3）实验结论：这一结果说明在不同加工任务中注意资源的分配不同，支持了注意资源有限理论。

知识点 3 双加工理论及其实验 ★

1. 实验证据——视觉搜索实验/记忆扫描实验（Shiffrin和Schneider，1977年）

①实验过程：首先让被试识记1~4个识记项目，然后呈现1~4个再认项目，要求被试判断再认项目中是否有之前识记过的项目。识记项目、再认项目可分为字母或数字两种类型，两者之间的匹配情况也可分为2种。

a. **相同范畴**条件：在这种实验条件中，识记项目和再认项目同属于一个范畴，即识记项目均为字母（或均为数字），再认项目也一样。再认项目中可包含识记项目，也可不包含识记项目。

b. **不同范畴**条件：在这种实验条件中，识记项目和再认项目分属于两个不同的范畴。以识记项目均是字母为例，再认项目中可包含一个识记项目，或再认项目均是数字（不包含识记项目）。同理，

TIPS ⑥

在低感觉可辨度的情况下，即靶子词与非靶子词都由同一个男性读出时，非靶子词占用了较多资源，进行了较深的加工，因此非靶子词回忆的数量较多。

TIPS ⑦

例如，事先规定的范畴是"衣着"，靶子词为"sock"——有"短袜""猛击"两种含义。因为范畴词为"衣着"，故靶子词的适宜意义为"短袜"。非靶子词包括3种：①偏向适宜意义——"臭的"；②偏向不适宜意义——"打击"；③中性——"星期二"。

TIPS ⑧

在分配性注意中，非靶子词得到语义加工，应用的资源较多；在集中性注意中，非靶子词没有得到语义加工，应用的资源较少。

识记项目也可以均是数字，再认项目可包含一个识记项目，或再认项目均是字母（不包含识记项目）。

②实验结果如下。

a. 在相同范畴条件下，当识记项目和再认项目均为 1 个时，要达到 80% 的正确反应率，再认项目的呈现时间需 120 ms；当识记项目和再认项目均为 4 个时，要达到 70% 的正确反应率，再认项目的呈现时间需 800 ms。

b. 在不同范畴条件下，不论识记项目和再认项目的数量是多少，再认项目的呈现时间只需 80 ms，就可达到 80% 以上的正确反应率。

③实验结论如下。

a. 不同范畴条件下的再认或搜索优于相同范畴条件下的。

b. 在相同范畴条件下，随着识记项目和再认项目的增多，所需反应时也相应增多。这就说明被试在相同范畴条件中进行的是控制性加工，即把每一个再认项目与每一个识记项目按系列顺序进行比较和匹配。

c. 在不同范畴条件下，识记项目和再认项目的数量对反应时没有显著影响。这就说明被试在不同范畴条件中进行的是自动化加工（平行加工），即从字母中搜索出数字或从数字中搜索出字母。

d. 两种实验条件的结果不同是由于加工方式不同，这一实验结果支持双加工理论。

知识点 4 特征整合理论及其实验 ★

1. 实验证据——相关实验

（1）特雷斯曼、热拉德：视觉搜索实验（1980 年）

①实验过程：给被试呈现 1~30 个不同颜色的字母，要他们搜索一个特定的靶子，记录其反应和所用时间。这个靶子是一个客体（绿色的字母 T），或者一个特征（蓝色的字母或一个 S）。

②实验结果：当靶子是一个客体时，呈现的项目数量对觉察靶子所需的时间有很大的影响；当靶子是一个特征时，呈现的项目数量对觉察靶子所需的时间没有实际影响。

③实验结论：这一实验结果支持了特征整合理论。特征的加工是平行的，而客体的加工是系列的，所以在反应时的变化上，特征不及客体大。

（2）特雷斯曼、施密特：错觉性结合实验（1982 年）

错觉性结合是指在不注意的条件下，向被试呈现不同客体时客体之间的特征发生彼此交换的现象。

①实验过程：向被试快速呈现一些刺激卡，刺激卡的两侧呈现

数字，两个数字之间是不同颜色的字母，要求他们只注意刺激卡两侧的数字。但事实上既要求被试报告所看到的数字（第一作业），还要求其报告所呈现的字母及其颜色和位置（第二作业）。

②实验结果：被试基本上能够完美地完成第一作业。但是被试第二作业的成绩很差，并且实验中还出现了字母、颜色和位置之间的错误结合，即错觉性结合。

③实验结论：这一结果支持了特征整合理论。即前注意加工阶段中的单个特征是被独立编码的，特征是处于自由漂移状态的。

（3）特雷斯曼等人：双侧注意缺陷患者的实验（1997年）

①实验结果：当多个目标呈现时，患者能够准确地报告出所呈现的那些特征，但当被问及哪些特征属于同一个目标时，患者便完全碰运气了。即当目标以一个简单的特征定义时，患者能相对正常地执行搜索任务；但当目标以一组特征定义时，患者就没办法完成任务。

②实验结论：在缺乏注意时，人们的视觉系统会把目标觉察为毫无联系的一组特征。这一结果支持了特征整合理论，也支持了注意的特征捆绑功能。

2. 特征整合理论　　　　　　　　　　　　　>> TIPS ⑨

（1）基础概念

①特征（feature）：物体某个维度（如颜色、形状等）的特定值。

②客体（object）：一些特征的结合，由多个特征捆绑起来形成客体。
　　　　　　　　　　　　　　　　　　　　　　>> TIPS ⑩

③前注意加工和集中注意加工：1967年，奈瑟尔区分了前注意加工和集中注意加工。前注意加工是一种平行的、自动化的加工过程；集中注意加工是一种精细的、系列的加工过程。

（2）特征整合理论的阶段

①特征登记阶段（前注意阶段）

在前注意阶段，知觉对特征进行自动的平行加工，无须注意的参与。此时所知觉到的特征处于自由漂浮的状态，不受其所属客体的约束，在位置上是不确定的。这些个别特征的心理表征叫作特征地图。

②特征整合阶段（集中注意阶段）　　　　　　>> TIPS ⑪

在整合阶段，通过集中性注意将各特征整合为客体，其加工方式是系列的，需要更多的注意和意志努力。由于需要意志努力，当注意被试超负荷或分心时，就可能会导致特征不恰当地结合，造成错觉性结合的现象。

特征整合理论的核心观点是：视觉加工分为两个过程。对特征的加工是自动化平行加工过程，无须注意的参与；对客体的加工是一个集中性注意的系列加工过程。

特征："红色"是红色圆形的一个特征，"圆形"是它的另一个特征。

客体："红色圆形"是一个客体，"戴珍珠耳环的少女"也是一个客体。

集中性注意就像胶水一样，把在前注意阶段自由漂浮的特征黏合（或捆绑）到一起，使其整合为一个客体。

知识点 5　注意的研究范式 ★★★

1. 提示范式

（1）基本原理

提示范式的基本原理是**用刺激或指导语引导被试注意一个明确的输入源，然后比较对这一输入源和对其他输入源的加工**。这一范式主要有两种用途：研究注意指向被提示信息的过程；比较对被注意到的刺激和对未被注意到的刺激在加工过程上的差别。

（2）典型代表——空间提示范式

如图5-10所示，空间提示范式是提示范式的典型代表。在空间提示范式中，在每个试次开始时都提示被试：在两个位置中的某一个位置上会出现目标刺激，几百毫秒后会再呈现一个目标，要求被试尽快做出反应。

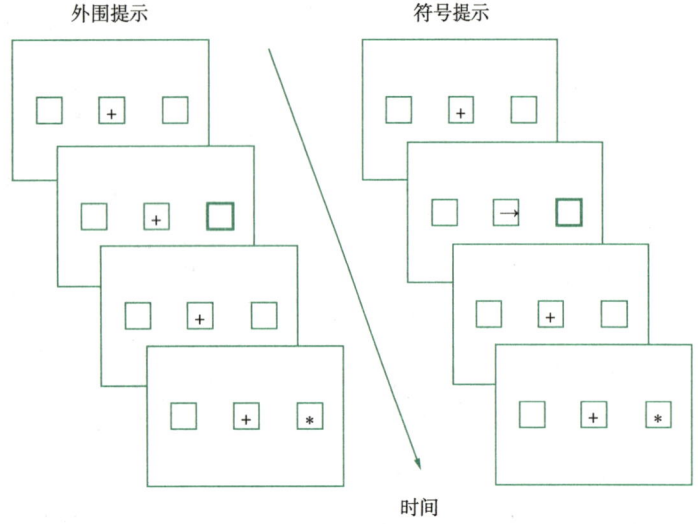

图5-10　空间提示范式的示意图

（3）提示范式的自变量

在提示范式中，常用的自变量主要包括**提示的有效性**、**提示类型**。

①提示的有效性

a.**有效提示**：当某个位置被提示后，目标就在该位置呈现。该条件下注意指向目标位置的可能性大。

b.**无效提示**：当某个位置被提示后，目标却在其他的位置呈现。该条件下注意指向目标位置的可能性小。

c.**中性提示**：提示同时出现在两个位置上，没有向被试提供随后呈现的目标可能出现的位置信息。该条件下注意指向目标位置的可能性介于有效和无效之间。

②提示类型

a. 根据提示是否直接出现在将被注意的位置,可将其分为外围提示和符号提示。外围提示指提示直接出现在将注意的位置,能自动引起注意;符号提示也称中间提示或内源提示,指提示只是指出注意应该指向某个位置的一个符号。

b. 根据整个实验中有效试次和无效试次的比例,可将其分为预言性提示和非预言性提示。预言性提示是指有效试次数多于无效试次数;非预言性提示是指有效试次数与无效试次数接近。

2. 搜索范式

(1) 基本原理

搜索范式的基本原理是要求被试寻找一个或多个混杂在非目标刺激中的目标刺激。这一范式主要用于研究注意如何排除无关刺激的干扰,以及注意如何在不同感觉通道之间进行转移。

(2) 视觉搜索范式 >> TIPS ⑫

最常见的搜索范式是视觉搜索范式,如图 5-11 所示。在视觉搜索范式中,若干物体呈现于一个刺激矩阵中,要求被试指出其中是否出现了某一特定目标。

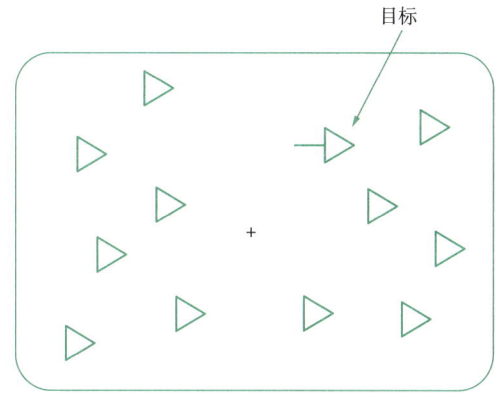

图 5-11 视觉搜索范式的示意图

TIPS ⑫

大多数的视觉搜索范式主要研究反应时和刺激规模(搜索矩阵中的项目数)的函数关系,也即搜索函数的关系。

3. 过滤范式

(1) 基本原理

过滤范式的基本原理是使被试的注意指向一个信息源,而实验者评估的是那些未被注意的信息的加工过程,以此来研究注意的某些特征。过滤范式主要包括双耳分听范式、整体-局部范式、双侧范式和负启动范式。 >> TIPS ⑬

(2) 整体-局部范式

纳冯发现了一个不对称干扰模型,基于这一模型的研究方法通常被称为整体-局部范式(如图 5-12 所示)。这一范式研究单一刺激物的不同层次特征间的干扰。

TIPS ⑬

双耳分听范式在前文已做详细介绍,此处不再赘述。

在实验中,大图形(整体)由小图形(局部)构成。实验有2个自变量。

①**整体与局部的一致性**:包括整体与局部字母一致、不一致两种条件。

②**注意的指向性**:包括要求被试注意整体字母、注意局部字母两种条件。

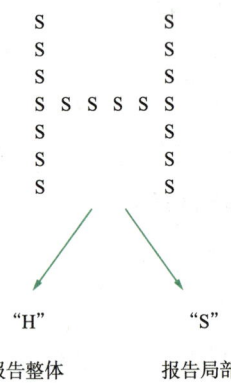

图 5-12　整体－局部范式的示意图

要求被试在图形呈现后报告整体字母或局部字母。结果表明:当被试报告局部字母时,如果整体字母与局部字母不一致,被试对局部字母的反应时就会变长;而当被试报告整体字母时,整体字母与局部字母的一致性几乎没有或完全没有影响。这一结果证明,**整体字母先于局部字母被识别**。

(3)双侧范式

双侧范式又称双侧任务范式,主要讨论**多个独立刺激物之间的相互干扰**。这一范式对于研究注意从目标区域到附近区域的分散程度很有用。在实验中,被试要报告呈现于画面中央的刺激(目标),忽略呈现于目标周围的刺激。如图 5-13 所示,当目标与周围的分心物方向不同时,属于**不一致条件**;当两者方向相同时,属于**一致条件**。

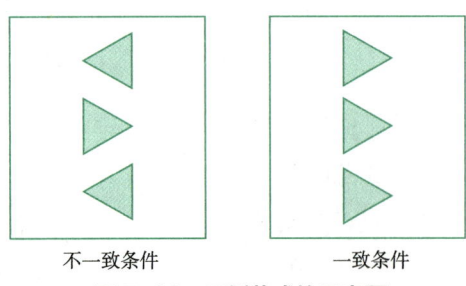

图 5-13　双侧范式的示意图

结果表明:一致条件下,被试的反应时较短;不一致条件下,被试的反应时较长。这种两侧物体的干扰效应反映了被试无法把注意完全集中在目标上。但如果分心物距离目标比较远,这种干扰效应就会减小或被排除。

（4）负启动范式

负启动范式主要用于**评估对一个刺激有意忽略的条件下，注意能够在多大程度上自动分配到该刺激上，并影响此后的加工**。在实验中，给每个试次呈现两个刺激，其中一个刺激需要被试注意并做出反应。

如图 5–14 所示，先呈现空心和实心字母，要求被试报告每个实心字母的名称。

在实验条件下，**不被注意的项目（空心的 T）在下一试次中变成要被注意的项目（实心的 T）**；而在控制条件下，前、后试次包含的项目不重叠。

结果表明，实验条件下被试的反应时显著长于控制条件下被试的反应时。这一结果说明，在上一试次中**不被注意的项目也被识别并记住了**，并在下一试次中产生了干扰作用，导致被试反应时变长。

	实验条件	控制条件
第*N*个试次	B	B
	T	M
第*N*+1个试次	C	C
	T	T

图 5–14　负启动范式的示意图

4. 双任务范式 >> TIPS ⑭

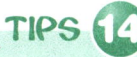

双任务范式的基本方法是让被试执行两个明显不同的任务，评估这两个任务间相互影响的程度。主要包括心理不应期范式、注意瞬脱范式。

（1）心理不应期范式 >> TIPS ⑮

心理不应期范式的基本操作是，给被试呈现两个任务，要求他们尽快地做出两种判断。

①实验过程：例如，让被试进行听觉和视觉两项认知任务。听觉任务是向被试呈现高、低两种音调，让被试报告是高音调还是低音调。视觉任务是向被试呈现不同的字母，让被试辨别字母并按下对应的按键。

②实验结果：被试对视觉刺激的反应会受到从听觉刺激开始呈现到视觉刺激开始呈现之间的时间差（SOA）的影响。与 SOA 较长相比，当 SOA 非常短时，被试对视觉刺激的反应时会更长。韦尔福德认为对第二个任务刺激的这种反应延迟是由心理不应期导致的。

心里不应期范式如图 5–15 所示。

TIPS 14

提示范式、搜索范式和过滤范式都可以归类为**选择性注意的研究范式**，它们都关心注意在同一任务中如何指向不同的刺激；而双任务范式则属于**分配性注意的研究范式**，主要关心注意如何在多个并行任务间起到指向和调节作用。

TIPS 15

心理不应期的实验证明了心理不应期效应的存在，它是指两种任务在时间上或空间上的距离太近，让人“反应不过来”。

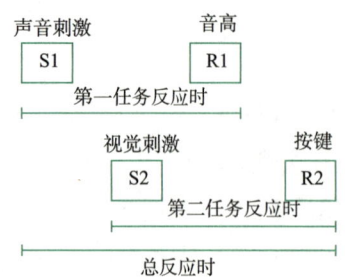

图 5-15 心理不应期范式的示意图

（2）注意瞬脱范式　　　　　　　　　　　>> TIPS ⑯

注意瞬脱是通过快速序列视觉呈现范式命名的现象，因此注意瞬脱范式又称**快速序列视觉呈现范式（简称 RSVP）**。

注意瞬脱现象是指在识别一系列刺激流时，对某个刺激的准确识别会影响到其后对特定时间间隔（一般为 500 ms 以内）的刺激识别。

①实验过程：将由字母、数字、单词、图形等组成的刺激序列在同一空间位置上以每秒呈现 6~20 个刺激的速度连续呈现给被试，要求他们辨别刺激序列中的目标刺激（T1，即图 5-16 中的"thing"）和探测刺激（T2，一般在 T1 的 1~8 个位置上呈现，即图 5-16 中的"kill"）。刺激序列呈现完后要求被试报告 T1 和 T2。

TIPS ⑯

注意瞬脱的必要条件如下：必须在双任务情境下；必须报告 T1、T2；在 T1 和 T2 前后必须有掩蔽刺激。

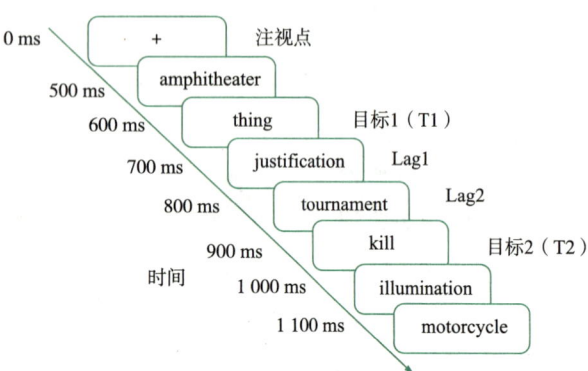

图 5-16 注意瞬脱范式的示意图

②实验结果：如果 T2 在 T1 之后 200~600 ms 的时间段内呈现，T2 的报告正确率就会大大降低，大约在 T1 呈现之后的 300 ms 时，T2 的报告正确率最低。这个现象被称为注意瞬脱。

知识点 6　注意的促进和抑制及其实验 ★★

启动效应是指先前活动对随后活动的影响，根据其产生的是**促进**还是**抑制**作用，可分为**正启动效应**和**负启动效应**。

1. 正启动效应

（1）含义　　　　　　　　　　　　　　>> TIPS ⑰

正启动效应表现为对刺激加工的促进作用。具体来说，对先前

TIPS ⑰

启动效应中，目标刺激与启动刺激之间的联系，既可以是知觉水平的联系（如特征联系等），也可以是高级水平的联系（如语义联系等）。

刺激的加工使得对后续同样或类似刺激的加工更快，即反应时变短，正确率提高。

（2）相关实验（Meyer和Schvaneveldt，1971年）

①实验过程：向被试呈现一串字母，要求被试判断字母串是不是英语单词。字母串成对地呈现。被试对第一个字母串做出反应后，立即呈现第二个字母串。所采用的字母串各式各样，其中包括英文单词和无意义（语义）组合。并且，成对呈现的两个单词之间的语义联系也不同，其中有语义联系的，如"nurse-doctor"，也有无语义联系的，如"bread-doctor"。

②实验结果：相比于无语义联系的单词对，在有语义联系的单词对中，被试对后一个单词的反应时明显更短。即相比于"bread-doctor"，被试对"nurse-doctor"这对单词中的"doctor"判断更快。

③实验结论：这一结果支持正启动效应，即对前一个词的加工促进了与它语义有联系的后一个词的加工。

2. 负启动效应

（1）含义

负启动效应表现为对刺激加工的抑制作用。具体来说，对先前刺激的加工使得对后续同样或类似刺激的加工更慢，即反应时变长，正确率降低。

（2）相关实验（Tipper和Cranston，1985年） » TIPS ⑱

在Stroop色词研究中，最早发现了负启动效应。Tipper等人最早开始系统研究负启动效应。

①实验过程：给被试呈现用红、绿墨水书写的两个部分重叠的英文字母。红字母为目标字母（图5-17中显示为黑色），要求被试又快又准地读出红字母；绿字母为分心字母，要求被试忽略绿字母。如图5-17所示，实验总共包含3种条件。

a. 控制条件：每次实验中目标字母和分心字母都是不同的。

b. 分心字母启动条件：在启动显示中的分心字母将作为探测显示中的目标字母。

c. 重复分心字母条件：分心字母在各实验中保持不变。

图5-17 负启动效应实验

TIPS ⑱

实验逻辑：如果在专注刺激的选择期间，一个被忽略信息的内部表征是与抑制相联系的，那么对要求相同内部表征的一个随后的刺激加工就会像先前被忽略的信息一样被削弱。

②实验结果：分心字母启动条件下的反应时最长，且与控制条件下的反应时差异显著。

③实验结论：这一结果证明了负启动效应的存在。

知识点 7 注意的返回抑制实验 ★

1. 返回抑制的含义

返回抑制是指当**注意返回到先前注意过的位置或客体时，反应变慢**的一种抑制现象。返回抑制有助于注意解除先前注意指向的位置，转向新的空间位置，能够提高注意在视觉空间搜索中的效率，进而具有适应意义。

2. 返回抑制的研究范式   ≫ TIPS ⑲

典型的返回抑制的研究范式是**线索－靶子范式（提示范式）**。

在实验中，返回抑制具体表现为：在空间某一位置呈现一个线索一定时间之后（一般为线索呈现后约 300 ms），对再次出现在该线索化位置的刺激的反应，比对出现在非线索化位置的刺激的反应慢。这说明了人对线索化位置刺激反应的抑制作用。

TIPS ⑲

提示范式在前文已进行详细介绍，此处不再赘述。

知识点 8 刺激反应一致性理论及其冲突效应实验 ★

1. 刺激反应一致性理论

刺激反应一致性理论认为，刺激和反应具有某种一致性时的反应时要比不一致性时更短，反应正确率更高。该理论**强调刺激与反应的协同性**，即不相容（冲突）条件下的反应时显著长于相容（一致）条件下的反应时，同时不相容条件下的正确率显著低于相容条件下的正确率。

2. 冲突效应实验

（1）主要的实验范式

基于该理论的实验范式包括 Stroop 实验、Simon 实验、Eriken 实验和 Navon 实验，如图 5-18 所示。

4 个实验范式中存在的冲突不一样。Stroop 实验是字义与字色之间的冲突；Simon 实验是目标位置和反应手之间的冲突；Eriksen 实验是中间位置的刺激与两侧刺激方向之间的冲突；Navon 实验是整体与局部之间的冲突。

≫ TIPS ⑳

TIPS ⑳

Stroop 实验在本章第三节中已详细介绍；Eriken 实验又名双侧范式或 Flanker 任务，Navon 实验即纳冯提出的整体－局部范式，两者均在注意的研究范式部分介绍过。因此，这里仅介绍 Simon 实验。

（2）Simon 实验

Simon 实验中存在两种不同的条件：一种是刺激位置出现在屏幕左边，要求被试用右手做按键反应，即不相容条件；另一种是刺激位置出现在屏幕右边，要求被试用右手做按键反应，即相容条件。结果显示，当目标位置和反应手不匹配时，其反应时长于目标位置和反应手匹配时的反应时，其正确率则低于目标位置和反应手匹配时的正确率。

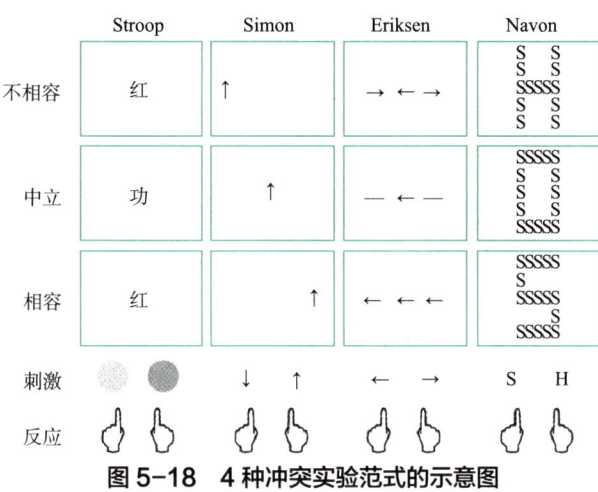

图 5-18　4 种冲突实验范式的示意图

知识点 9　注意网络测验 ★

1. 概述

注意有 3 个不同功能的系统：警觉、定向以及执行控制。注意网络测验（Attention Network Test，ANT）使用反应时来测量注意网络加工过程的效率。

>> TIPS ㉑

2. 实验过程

在这个测验中，被试的任务是快速并准确地对目标刺激中央箭头的方向（左或右）进行按键反应。

提示线索因素分为 3 种水平：无提示、中央提示以及空间提示。目标因素分为两种水平：两侧与目标一致、两侧与目标冲突。

被试注视的十字一直呈现在屏幕中央，目标及侧翼干扰刺激呈现在注视点的上方或下方，呈现概率各为 0.5。注意网络测验如图 5-19 所示。

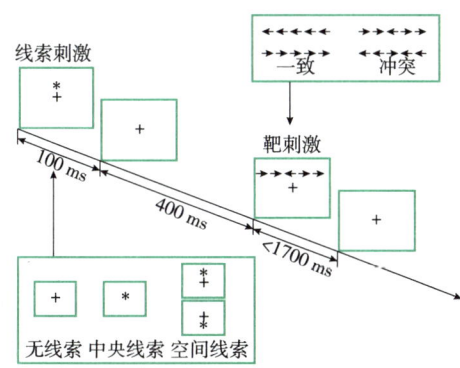

图 5-19　注意网络测验

3. 实验假设

①相对于无线索提示条件，中央线索提示提供时间信息，因而触发警觉系统以准备反应。

TIPS ㉑

这个测验是 Posner 的空间提示任务与 Eriksen 侧翼效应范式的结合。

②**空间提示**除了提供时间信息，还提供空间位置信息，因而触发**警觉系统**和**定向系统**。

③对比两侧与目标一致以及两侧与目录冲突两个条件下的反应时间，会发现在冲突条件下反应时变长，这称为冲突效应下的损失。

4. 实验结果

①警觉系统效率 = 无线索提示条件的反应时 – 中央线索提示条件的反应时；

②定向系统效率 = 中央线索提示条件的反应时 – 空间提示条件的反应时；

③执行控制系统效率 = 冲突条件下的反应时 – 一致条件下的反应时。

比较两侧与目标一致和两侧与目标冲突两个条件下的反应时间，会发现在冲突条件下反应时变长，我们称之为冲突效应下的损失。

5. 实验结论

①行为实验证明了预警、定向和执行控制3个系统相对独立。

②这3个系统之间明显存在着交互作用。比如，当定向系统提供空间位置信息，冲突效应下的损失变小。警觉系统也可能使得冲突效应下的损失变大。

> **本节小结**
>
> 认知心理学家把注意看成信息加工的重要机制，并在实验的基础上提出了一些注意模型，试图从理论上来说明注意的认知机制，从而形成了4类理论：过滤器理论、注意资源限制理论、双加工理论和特征整合理论。针对不同的理论，研究者分别进行了对应的实验论证。并且发展出了很多经典的研究范式，如提示范式、搜索范式、过滤范式和双任务范式等。此外，注意的促进、抑制、返回抑制和冲突，注意网络测验等问题，也是在注意领域中较为热门的研究问题。

第五节　记忆实验

知识点 1　感觉记忆实验 ★★

在感觉记忆中，心理学家研究最多的是**视觉形象的存储（图像记忆）**与**听觉回声的存储（声像记忆）**。

1. 图像记忆——斯波林的部分报告法实验（斯波林，1960年）

（1）全部报告法（整体报告法）　

在早期，研究者通常使用**全部报告法**来测量被试的回忆量，即

TIPS ①

从全部报告法到部分报告法的启发：在斯波林看来，全部报告法的实验任务是非常简单的，为什么被试的成绩如此之差？他认为一定存在着一个更短暂的记忆系统，其对信息保持的时间非常短，以至于被试还没来得及报告记忆就消退了。由此他设计了部分报告法。

呈现刺激后,让被试将之前出现过的刺激全部报告出来。斯波林采用全部报告法,给被试呈现3行4列共12个英文字母,呈现时间为50 ms,要求被试尽可能多地再现字母。结果表明,被试平均正确报告的个数为4.5个。

(2)部分报告法——斯波林

1960年,斯波林运用部分报告法进行了经典的视觉形象记忆实验,只要求被试报告出部分识记材料,并以此为基础来推断被试的感觉记忆能力。

①实验过程　　　　　　　　　　　　　>> TIPS ②

将一张写有3行4列共12个英文字母的卡片呈现给被试,呈现时间为50 ms。在刺激消失的同时,随机呈现一个声音信号。声音信号分高音、中音和低音3种,分别对应于卡片上的第一、二、三行字母。上述对应的规则事先已告知被试,被试听到声音信号后,就立即报告出该信号对应的那一行字母,其他行的字母则不用报告。最后研究者用一行字母的报告率推算整体的报告率。比如,被试如能报告出一行字母的3~4个,那么对于整张卡片来说,其可能报告的字母数就是9~12个。

②实验结果

部分报告法所得到的感觉记忆容量远远超过全部报告法所得到的感觉记忆容量,其达到平均9.1个字母。

③实验结论

斯波林的实验证明,在视觉通道中,存在能短暂保存视觉刺激的感觉记忆,而且感觉记忆的容量非常大。

(3)延迟部分报告法——斯波林

为了证明视觉信息在短时间内迅速消退,斯波林进一步改变实验过程:在刺激呈现完毕到声音信号出现之间插入不同的时间间距,要求被试在不同的时间间距后用部分报告法进行报告。

结果显示,刺激呈现到声音信号出现之间的时间间距越长,被试回忆的成绩就越差。这一结果表明,感觉记忆会在短时间内迅速消退。

2. 声像记忆——莫里的"四耳人"实验(Moray,1965年)

>> TIPS ③

听觉通道感觉记忆的实验最早是由莫里(莫瑞)等人进行的。他们依据部分报告法设计了"四耳人"实验。

①实验过程:在一个房间的4个角放置4个扬声器,每个扬声器播放若干字母,被试坐在能区分出声音来源的位置。字母播放后,全部报告组的被试要尽可能多地回忆听到的所有声音,部分报告组的被试则只需要报告4个方位中的一个。

抛出两个问题来感受此实验设计的精妙:第一,为什么要设置刺激消失的同时呈现声音信号?因为在这种情况下,被试只有在头脑中保存了3行字母的映像,才能根据声音信号报告出相应一行的字母,由此测得的才是感觉记忆。第二,为什么声音信号要随机呈现?因为要避免被试预测到信号规律,一旦被试无法预测要报告哪一行,就只能每一行字母都看,这样才能够用一行字母的报告率去推算整体的报告率。

图像记忆与声像记忆的差异:图像记忆的容量为9个,其保持时间一般只有0.25~1 s;声像记忆的容量为5个,小于图像记忆的容量,其保持时间可达到4 s,比图像记忆保持得更长。

②实验结果：部分报告法的成绩优于全部报告法的成绩，平均为 5 个字母。

③实验结论：证明了听觉系统中存在对信息的感觉记忆。

知识点 2 短时记忆实验 ★★★

1. 短时记忆的编码

短时记忆的编码方式以听觉编码为主，也存在视觉编码和语义编码。

（1）听觉编码实验（康拉德，1964 年）

1964 年，康拉德的实验为短时记忆的听觉编码提供了有力的证据。

①实验过程：以视觉或听觉方式向被试呈现一个字母序列，呈现完毕后，要求被试立即按照顺序进行回忆。

②实验结果：在两种实验情境（视觉或听觉呈现字母）下，所得结果是相似的，均表现为发音相近的字母会较多地发生混淆。即使字母是视觉呈现的，回忆中的错误也主要表现为声音混淆，如常将 B 误认为 V 或 P，将 M 误认为 N 等。

③实验结论：短时记忆中的信息编码是听觉编码的，即使刺激材料是以视觉形式呈现的，其编码仍具有听觉的性质。

（2）视觉编码实验（波斯纳，1967 年）　　>> TIPS ④

1967 年，波斯纳的字母视觉匹配和名称匹配实验（AA 和 Aa）证明了短时记忆中也存在视觉编码。视觉编码至少存在于短时记忆保持过程的初期，然后才出现听觉编码。

（3）语义编码实验（威肯斯，1970 年，1972 年）

威肯斯的前摄抑制实验证明了短时记忆中存在语义编码。他在实验中发现，当前后识记材料有意义联系（如字母–字母）时，表现出前摄抑制的作用（即先前学习对后继学习的干扰），而当前、后识记材料失去意义联系（如字母–数字）时，则表现出前摄抑制的释放。该结果证明了短时记忆和长时记忆一样，也存在语义编码。

2. 短时记忆的存储

短时记忆的存储容量可以通过测量记忆广度来获得，通常以组块作为测量单位。最经典的是米勒于 1956 年提出的 7±2 个组块的容量限制。较为常用的记忆广度测量方法有顺背广度法和倒背广度法。

①顺背广度法：被试听完一组数字后，按同样的顺序复述出来。

②倒背广度法：被试听完一组数字后，按倒序将数字复述出来。

一般来说，数字的记忆广度为 7~10 个组块，单词的记忆广度是 5~7 个组块，句子的记忆广度包含的单字可达 20 个。

TIPS ④

第三章第三节已对波斯纳的实验进行了详细介绍，此处不再赘述。需要注意这个实验采用的是减数法的逻辑。

3. 短时记忆的提取（斯腾伯格，1969 年） >> TIPS ⑤

1969 年，斯腾伯格采用加法反应时法对短时记忆提取的机制进行了研究。他发现，短时记忆提取是逐个进行的完全系列扫描。

①实验过程：在识记阶段，用视觉或听觉方式呈现一系列的数字或字母，让被试进行识记。在测试阶段，被试按一个按钮就会出现一个项目（数字或字母）。被试的任务就是判断该项目是否在识记阶段出现过。

②实验假设如下。

a. **平行扫描假设**：同时对短时记忆中保存的所有项目进行检索。平行扫描的反应时不会随着记忆项目的增加而延长。

b. **完全系列扫描假设**：对全部项目进行完全检索，然后做判断。因此，系列扫描的反应时会随着记忆项目数的增加而延长。

c. **自动停止的系列扫描假设**：将测试项目与保存在短时记忆中的项目逐一比较，直到找到匹配项目即停止。

③实验结果：随着记忆项目数量的增加，被试的反应时在不断延长。

④实验结论：**短时记忆的提取遵循的是完全系列扫描方式**。

4. 短时记忆的遗忘

（1）短时记忆的遗忘机制（皮特森夫妇，1959 年）

1959 年，皮特森夫妇采用 **Peterson-Peterson 法** 考察了短时记忆的遗忘机制。该方法在呈现刺激和回忆之间插进干扰作业——要求被试尽快地做连续减数的运算和报告，以阻止复述。结果表明，短时记忆保持信息的时间短暂，这些信息如未得到复述将迅速被遗忘，由此可以看出复述对保持或遗忘的作用。

（2）短时记忆的遗忘原因（沃和诺曼，1965 年）

遗忘既有可能是记忆痕迹随时间而自然消退的结果（消退说），也有可能是由于短时记忆中的信息被其他信息干扰而造成的结果（干扰说）。对此，**沃**、**诺曼**采用了**探测法**将消退和干扰两个因素分开。

①实验过程：向被试呈现一系列数字。最后一个数字呈现时会伴随一个高频纯音，这个数字称为**探测数字**，它在前面只出现一次。被试的任务就是要从前面呈现的一系列数字中，找出探测数字，并**把它后面的一个数字报告出来**。

②实验逻辑：从应被报告数字后面的第一个数字到最后一个数字，称为**间隔数字**，也就是起干扰作用的数字。呈现这些间隔数字所用的时间，称为**间隔时间**。根据消退说，正确再现的百分数应随间隔时间的延长而降低；根据干扰说，正确再现的百分数应随间隔

TIPS ⑤

第三章第三节对斯滕伯格的实验也进行了部分介绍，需要注意这个实验采用的是加因素法的逻辑。

数字的增加而降低。为了分开间隔时间和间隔数字这两个因素，他们采用了2种呈现速度（快速呈现、慢速呈现），这样就既可以在间隔数字不变的情况下，改变间隔时间，又可以在间隔时间不变的情况下，改变间隔数字。　　　　　　　　　　　　　» TIPS ⑥

③实验结果：在快、慢两种呈现速度条件下，被试的回忆正确率都随着间隔数字的增加而降低，而不受间隔时间的影响。

④实验结论：实验结果支持了干扰说，证明短时记忆遗忘的主要原因是干扰。

知识点 3　长时记忆实验 ★★★

1. 长时记忆的传统研究方法　　　　　　　　　　　» TIPS ⑦

长时记忆的传统研究方法主要包括回忆法、再认法、再学法和重建法。

（1）回忆法

回忆法是当原来的识记材料不在面前时，要求被试者再现出原来识记材料的方法，故而也称再现法（或复现法）。它又可分为3种主要形式：系列回忆法、对偶回忆法、自由回忆法。

①系列回忆法：在系列回忆中，被试要按照先前呈现的顺序对材料进行学习和回忆。通常的做法是向被试反复呈现系列刺激材料，直到被试能够准确无误地将它们再现出来。学习或记忆的效果可以通过被试正确回忆出每个系列位置上的项目数量或错误的数量来进行测量。

②对偶联合回忆法：先向被试呈现一系列的刺激反应对，然后向被试单独呈现刺激项目，让被试回忆与之相对应的反应项目，以检验其记忆与学习的效果。对偶回忆法一般有预期法、检验法两种程序。

③自由回忆法：呈现一系列项目让被试尽可能多地记住，对被试回忆顺序无限制。

（2）再认法

在再认法中，向被试同时呈现学习过的材料和未学习过的干扰材料，让他们判断这些材料是不是先前学习或记忆过的，以此来考察先前学习过的材料是否能够被被试正确地觉察出来。

（3）再学法　　　　　　　　　　　　　　　　　　» TIPS ⑧

再学法也称节省法，要求被试学习一种材料，达到一定标准后，经过一段时间，再以同样的程序重新学习这些学过的材料，达到初次学习的标准为止。再学习与初学习两次学习所需要的练习次数之差，即代表初学习之后所保持的记忆。

例如，呈现的数字系列是"391784268*"，"*"为高频纯音，即探测数字是"8"。数字8在前面系列中出现在第5个位置上，被试应当将第5个位置后面的数字4报告出来。在这个例子中，间隔数字为"268"，共3个。消退与间隔时间相关，干扰则与间隔数字相关。

采用"传统研究方法"这一称呼，只是为了区别于内隐记忆的方法。

再学法是艾宾浩斯早期创立且颇为看重的方法。艾宾浩斯遗忘曲线就是采用再学法进行实验得到的。

（4）重建法

重建法又称重构法，就是让被试复现刺激项目的次序或排列。其实验程序可分两步：第一步，由实验者向被试呈现有一定次序或位置的刺激系列；第二步，将原刺激系列打乱后，交给被试，要求被试按照刺激呈现的次序或位置复原。

2. 系列位置效应——自由回忆实验（Parkin，1993年）

给被试呈现一系列的项目（多半是单词），大约2s呈现一个项目。当最后一个项目呈现完毕后，要求被试回忆呈现的项目，可不按呈现顺序回忆。把回忆结果以单词在字表中的位置为横坐标、正确再现率为纵坐标作图，就能获得系列位置曲线。曲线可分为3个部分：首因效应、渐近线和近因效应，如图5-20所示。

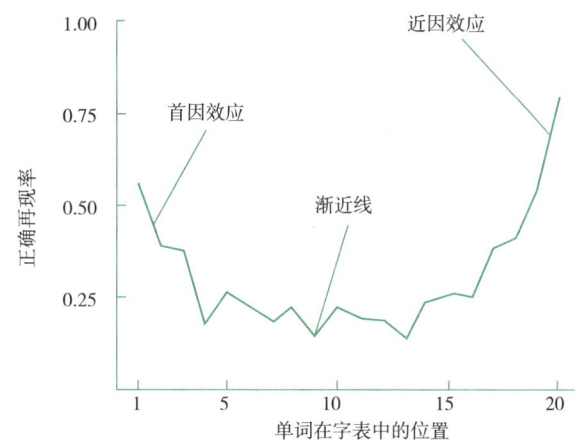

图5-20 系列位置曲线

①首因效应：开头几个项目回忆得较好。
②渐近线：中间部分回忆得最差。
③近因效应：最后几个项目回忆得最好。

研究者认为，系列位置曲线的结尾部分反映着短时记忆，起始部分和中间部分则反映着长时记忆。　　　>> TIPS ⑨

3. 短时记忆和长时记忆分离的证据

（1）生物学证据——遗忘症病人的实验（Baddeley和Warrington，1970年）

大多数支持短时存储不同于长时存储的证据来自自由回忆实验。巴德利用自由回忆实验考察了遗忘症病人和正常人系列位置效应上的差异（如图5-21所示），发现遗忘症病人和正常人在首因效应（长时记忆）和渐近线上的正确再现率上差异显著，但在近因效应（短时记忆）上的正确再现率无显著差异。这支持了双重分离的观点，也说明遗忘症病人的长时记忆有严重损伤，而短时记忆功能与正常人无异。

TIPS ⑨

如何验证系列位置曲线的两部分分别对应短时、长时两种记忆呢？一种有效的方法是在实验中，应用一个因素来改变系列位置曲线的一个部分，但不改变另一部分，即证明系列位置曲线中存在双重分离。即某些变量影响近因效应但不影响首因效应与渐近线。已有研究发现，单词频率、呈现速度、系列长度以及心理状态都对首因效应与渐近线有显著影响，但不影响近因效应。系列单词呈现完毕后的干扰活动影响近因效应，但不影响首因效应和渐近线。

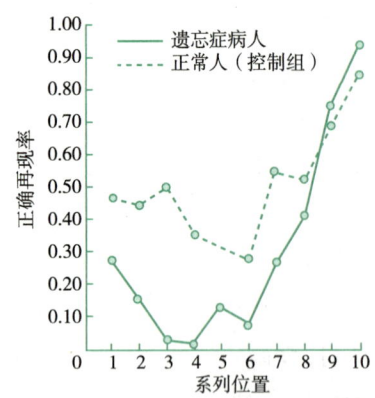

图 5-21　正常人和遗忘症病人的系列位置曲线

（2）分心任务实验（Glanzer 和 Cunitz，1966 年）

分心任务实验设置了两种实验条件。

①被试完成识记项目学习后，直接进行项目提取。

②被试完成识记项目学习后，需要完成 30 s 的分心作业，然后进行项目提取。

结果表明，两种实验条件在首因效应和渐近线上反应相似，但出现了近因效应分离。如图 5-22 所示，第一种无分心作业的条件有近因效应，而第二种 30 s 的分心作业的条件没有近因效应，这说明分心作业损害了对刺激系列结尾部分的记忆（短时记忆）。

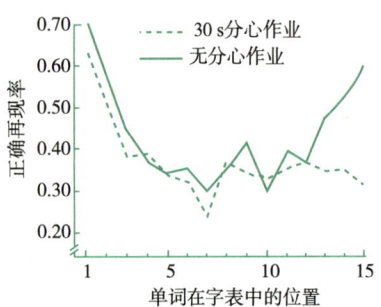

图 5-22　分心任务实验的系列位置曲线

（3）负近因效应（克雷克，1970 年）

1970 年，克雷克首次发现了负近因效应。它是指近因部分单词的正确再现率，低于渐近线部分单词的正确再现率的现象。

①实验过程：以每个单词 2 s 的速度向被试呈现双音节词语系列，每个系列包括 15 个双音节词。词语呈现完毕，立即要求被试对该系列进行自由回忆，时间为 1 分钟。每个被试完成 10 个相同的作业。该任务完成后，在被试事先不知道的情况下，给被试 5 分钟，要求其仍然以自由回忆的方法，回忆出呈现过的 10 个系列的所有单词。

②实验结果：10 次自由回忆的结果表现出标准的系列位置效应。最后对所有单词的总测验中，仍然保留首因效应，但近因部分单词

的正确再现率低于前面所有部分单词的正确再现率，即出现负近因效应，如图 5-23 所示。　　>> TIPS ⑩

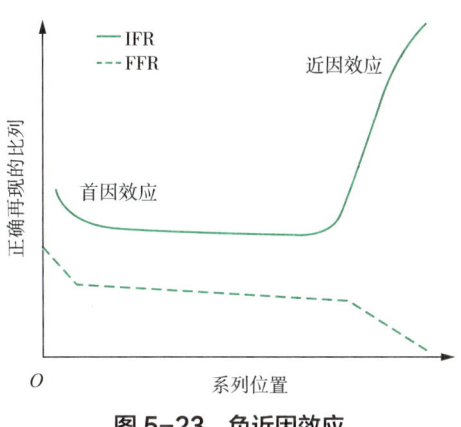

图 5-23　负近因效应

③负近因效应出现的原因：**近因部分的项目在短时记忆中保持时间较短，复述次数较少，没有转化到长时记忆中**。最后总测验时，这些项目已经从短时记忆中消失，因此对近因部分项目回忆的正确率最差。

知识点 4　工作记忆实验 ★★

工作记忆是一种执行认知任务时对信息进行暂时加工的、储存的能量有限的记忆系统。该系统包括语音环路、视觉空间模板和中央执行系统 3 部分。

1. 语音环路

语音环路能对词语信号进行被动储存和主动复述。**证明语音环路存在的实验有语音相似性效应实验、词长效应实验和无关言语效应实验。**

①**语音相似性效应**：当项目听起来相似时，即时系列回忆的效果会变差。　　>> TIPS ⑪

②**词长效应**：单词长度对即时回忆的影响。研究表明，在给定的时间内，对一列长词的回忆效果要比对一列短词的回忆效果差，因为长词的发音较长，复述占用的时间相应也较长，而短词可在相同时间内复述多次。这一结果支持了主动语音复述的概念。

③**无关言语效应**：不相关的语言信息会破坏记忆痕迹，降低回忆量。这种影响表明，无关语音必然是由于占用了语音环路，所以阻止了相关语音的复述，进一步降低了工作记忆能力。　　>> TIPS ⑫

2. 视觉空间模板

视觉空间模板在短期内保持视觉和空间信息，并对这些信息进行操作。**证明视觉空间模板存在的实验有双任务范式实验和干扰范式实验。**

①**双任务范式**：在双任务范式实验中，如果要求被试用言语编码或视觉空间编码来识记材料，就会发现同时进行的发音或言语活

TIPS ⑩

由于首因效应是长时记忆作用的结果，因此，不论是即时回忆还是最后的总测验，都表现出首因效应。

TIPS ⑪

人们在回忆词语时会犯错误，这暗示了语音复述成分的存在。如果工作记忆系统不存在语音复述的环节，语音相似性就应该对回忆没有影响。

TIPS ⑫

当无关语音是一门外语或是无意义音节的时候，无关言语效应仍然存在；但当其是非语言材料（如音乐）的时候，无关言语效应就会消失。

动干扰了其中一个系统，而视觉或空间活动干扰了另一个系统。

②**干扰范式**：在干扰范式实验中，当次级任务是言语任务时，它选择性地干扰言语记忆而不干扰空间记忆；当次级任务是空间任务时，它选择性地干扰空间记忆而不干扰言语记忆。这种特异性干扰效应，就为语音环路、视觉空间模板两个独立成分的存在提供了强有力的证据。

>> TIPS ⑬

3. 中央执行系统   >> TIPS ⑭

中央执行系统被假定为具有控制所有注意资源的分配、检索子系统、准备和应用策略等特征，并负责各子系统之间以及它们与长时记忆的联系。证明中央执行系统存在的实验是随机生成任务。

随机生成任务要求被试想象所有的字母、数字或动作序列都放在一个容器中，然后要求被试从中一次取出一个字母或数字并说出名称，再将其放回容器中，摇匀后再取，这样就可以产生一个完全随机的序列。

知识点 5 · 内隐记忆实验 ★★★

1. 内隐记忆的研究

当代内隐记忆实验研究可以追溯到启动效应、遗忘症患者的研究。

（1）启动效应的研究

启动效应是指被试近期与某一刺激的接触使得对这一刺激的加工得到易化。

（2）遗忘症患者的研究（沃林顿和韦斯克兰，1970年）

1970年，沃林顿、韦斯克兰茨采用不同的测验形式对遗忘症患者的记忆进行了考察。结果显示，虽然重度遗忘症患者完成再认和自由回忆任务时，存在明显的障碍，但在某些间接测验形式下，他们的成绩却与正常人接近。这证明遗忘症病人存在着内隐记忆。

2. 内隐记忆的测量方法   >> TIPS ⑮

与记忆的传统研究方法相对，内隐记忆采用的是一种新的测量手段——**间接测量**。这种方法在指导语上不要求被试专注于眼前的任务，也不要求被试有意识地回想过去发生的某个事件，而是通过被试在一些特定任务上的表现，来间接推断其行为背后的心理过程。常见的间接测量包括知觉辨认、补笔等。

（1）知觉辨认

知觉辨认是指，在实验中首先让被试学习一系列单词，然后要求被试在速示条件（如30 ms）下对学过的单词和未学过的单词进行辨认。通常的结果是，被试对学过的单词的正确辨认率显著高于未学过的。

知觉辨认的一种变式是**模糊字辨认**，指在被试学过一系列单词

干扰范式是双任务操作的发展，主要比较被试在没有干扰、有不同类型的干扰条件下，在主任务操作上的差异。

以字母为例，如果对被试生成字母的速率要求低的话，其所生成序列的随机化程度就高；如果要求被试生成字母的速率加快，则其所生成序列的随机程度就降低。这是因为人们倾向于产生那些符合字母顺序表或习惯用语之类的字母序列。因此，在完成随机生成任务时，需要中央执行系统不断干预，以打破这种潜在倾向。

知觉辨认、词干补笔属于与言语信息有关的间接测验，此外还有与非言语信息有关的间接测验——残图辨认、物体决定任务等。这些在考试中较少考察，考生简单了解就行。

后，在测试时呈现给被试的单词的字母很模糊，要求被试辨认是什么单词。

（2）补笔　　　　　　　　　　　　　　» TIPS ⑯

补笔测验主要包括词干补笔、残词补全。

①词干补笔是指在被试学习一系列单词后，测验时给被试提供单词的头几个字母，让被试补写其余几个字母而构成一个有意义的单词，如将 ele＿＿ 补写成为 elephant。

②残词补全是指让被试在学习一系列单词后，把缺一些字母的残词填上适当的字母，使之成为有意义的单词，如将 mys__ry 填成 mystery。

3. 内隐记忆和外显记忆的实验性分离

在内隐记忆的研究中，最关键的问题是如何在实验中分离内隐记忆和外显记忆。实验性分离有两种基本的观点：一种观念认为分离反映不同的任务，常采用任务分离程序；而另一种观念认为分离反映了不同的认知过程，常采用过程分离程序。

（1）任务分离　　　　　　　　　　　» TIPS ⑰

任务分离指同一自变量在不同测验任务中，产生不同结果的情形。其逻辑是：完成不同的测验任务所需要提取的信息不同，因而参与的心理加工过程也不相同，用不同的测验任务便可以揭示不同的心理机能。据此逻辑，如果两个任务出现了分离，就可以推测它们测量的是不同的心理过程。

例如，"是否患有遗忘症"这一被试变量如果在间接测量中没有表现出效应，即遗忘症患者和正常被试的词干补笔测验成绩没有显著差异，而在直接测量中表现出效应，即正常被试的再认回忆成绩明显好于遗忘症患者，那么，我们就可以推测，两种测验任务测量了不同的记忆系统——外显记忆和内隐记忆。

（2）过程分离

由于任务分离程序存在循环论证的问题，而且直接或间接测验本身也很难保证测验任务的纯净性，无法确定直接测验是否完全排除了内隐记忆的参与。

基于这些问题，雅各比提出了过程分离程序，其思路转向如何去分离在一个记忆任务中，可直接观察到的意识与无意识成分的贡献，从而分离出记忆的外显成分和内隐成分。

①自动提取和基于意识性的提取　　　» TIPS ⑱

雅各比认为，再认可以分为基于熟悉性的、基于意识提取的两种内部心理加工机制。通常在一个再认过程中，两种心理机制同时起作用。基于熟悉性的加工依赖刺激的知觉特征，反映了自动地和无意识地利用记忆，它基本不需要注意，称为自动提取；基于意识

在汉字中，词干补笔是只保留部首，余下部分去掉部分笔画，或只保留部首，使其有多种可能补成有意义单词；而残词补全是随机去掉一部分笔画。

任务分离程序主要用于遗忘症患者群体。例如，知觉辨认、补笔均属于任务分离的间接测验。

简单来说，自动提取等同于内隐记忆，基于意识性的提取等同于外显记忆。

性的提取则是一种有意识的回忆，需要对注意资源进行控制加工。

②包含测验和排除测验

为了考察自动提取、基于意识性的提取这两种加工的效应，过程分离程序提供了两种测试。

a. 包含测验：要求被试首先考虑用先前学过的信息来完成测验。在这种条件中，意识成分和无意识成分共同促进作业成绩，二者为协同关系。

b. 排除测验：要求被试选用首先进入意识但不是用先前学过的信息来完成测验，在这种条件中，意识成分和无意识成分对作业成绩的影响相反，二者为对抗关系。

③过程分离程序的3个假设

a. 基于意识性的提取和自动提取是彼此独立的加工过程，这一假设是过程分离程序的核心。

b. 基于意识性的提取和自动提取在包含测验和排除测验中的性质是一样的。

c. 基于意识性的提取的操作表现为全或无，即要么能再认，要么不能再认，不存在出错的情况。而自动提取则是有对错之分的。

知识点 6 前瞻记忆实验 ★

1. 前瞻记忆的含义　　>> TIPS ⑲

前瞻记忆是指对于预定事件或未来要执行的行为的记忆，即对于某种意向的记忆。具体包括意向形成、意向保持、意向激活和意向执行4个加工阶段。

前瞻记忆可以分为基于事件的前瞻记忆和基于时间的前瞻记忆。

①基于事件的前瞻记忆指当呈现给被试一个靶事件，会激发其执行某种目标的行为。例如，"小明看见超市后停下来买巧克力"，其中"超市"成为靶事件，激发被试执行"买巧克力"的行为，完成前瞻记忆任务。

②基于时间的前瞻记忆指被试在具体的某一特定时间完成某种行为。例如，"在上午9点，要送朋友去车站"，其中"上午九点"是靶线索，"要送朋友去车站"是前瞻记忆的目标任务。

2. 前瞻记忆的研究方法

前瞻记忆的研究方法主要有自然观察法、实验法、情境模拟法。

（1）自然观察法

该方法可用于研究现实生活中的前瞻记忆。采用自然观察法所得到的研究结果具有较好的生态效度，但由于实验过程受各种因素影响，其研究结果的准确性将受到一定影响。

TIPS ⑲

前瞻记忆使我们记得去做一些事情，比如记得星期一下午三点开会等。

（2）实验法　　　　　　　　　　　　>> TIPS ⑳

爱因斯坦和麦克丹尼尔首次采用了实验法探索前瞻记忆。该方法的具体程序为：在实验开始时要求被试执行短时记忆任务，即要求被试看完一些词语后将其回忆出来。同时告知被试在其回忆过程中，需完成前瞻记忆任务，即碰到某一个特定的词语要记得按下反应键。在开始执行短时记忆任务前，要求被试完成一些干扰任务，使其产生一定程度的遗忘，避免前瞻记忆任务保存在工作记忆中。

（3）情境模拟法

在情境模拟法中，对前瞻记忆的测量是对现实生活的模拟。该方法集前两种方法的优势于一身，在一定程度上既能保证良好的生态效度，又能对额外变量进行严格控制。

知识点 7　错误记忆实验 ★

1. 错误记忆的含义

错误记忆就是指过去经验和对事件的记忆与事实发生偏离的心理现象。

2. 错误记忆的经典实验

错误记忆的实验研究始于**巴特莱特**，他在研究中采用了两种方法：系列再生和重复再生。他还在其研究结果的基础上，提出了用**图式**的概念来解释错误记忆的产生机制。

（1）系列再生

通常是先让被试1看一幅图片，请他将图片的内容记住。过一段时间，请他将图片的内容画出来，然后让被试2看被试1画的图片，并也在一段时间后，请被试2将他所记的图片内容画出来。这样依次进行下去，就得出了一条"记忆链"。这样，我们就可以观察信息从一个人传到另一个人时是怎样被扭曲的，即错误记忆的产生。

（2）重复再生

让**同一个被试**在不同的延时条件下，对学习材料做多次回忆，将回忆的内容与原始材料进行比较，来测量被试记忆不断衰退和变化的情形。

3. 错误记忆的研究范式　　　　　　>> TIPS ㉑

错误记忆实验主要有5种研究范式：集中联想范式（DRM范式）、类别联想范式、误导信息干扰范式、KK范式和无意识知觉范式。

（1）**集中联想范式——DRM范式**

DRM范式又称为集中联想研究范式，该范式是由**罗迪格**等人提出的（DRM即他们姓氏的缩写）。

①实验材料：经典DRM范式中使用的材料是36个关联词表，

TIPS ⑳

爱因斯坦等人的这种实验法本质上采用的是一种双任务范式，即在实验中存在短时记忆、前瞻记忆两个任务。

TIPS ㉑

在错误记忆的研究范式中，DRM范式和类别联想范式同属于联想研究范式一类。联想研究范式暗含着一个前提逻辑，即人对事件的记忆是存在关联的，如果两个事件之间存在语义相关或联想，那么加工一个事件的同时就会激活另一个事件。

每个词表由一个目标词〔也被称作**关键诱饵**（如寒冷）〕以及与它存在意义关联的 15 个单词（如冬天、冰雪、霜冻、感冒、发抖等）组成。

②实验过程：实验包括**学习、测试**两个阶段。在学习阶段，只向被试呈现这些与关键诱饵相联系的单词，不呈现关键诱饵，要求被试记忆；在测试阶段，让被试回忆或再认三类词语，即学习过的项目、关键诱饵和无关项。无关项是指学习阶段不出现，并且与学习项目也不存在语义关联的词。

③实验结果：被试对关键诱饵的错误回忆和对学过项目的正确回忆之间无显著差异，对关键诱饵的错误再认和对学过项目的正确再认之间无显著差异。并且，在进行"记得/知道"判断时，大部分被试都声称能够清楚记得关键诱饵出现过的细节，即产生显著的错误记忆。

（2）**类别联想范式**   » TIPS ㉒

①实验材料：通常包含多种类别的词表，每个类别词表中有若干个范例。

②实验过程：实验包括学习、测试两个阶段。在学习阶段，呈现一个包含熟悉名词的多种类别的词表，每个类别中含有 1 个、3 个或 5 个范例；在测试阶段，呈现一些学过和未学过的范例，让被试对于学习过的范例进行再认。

③实验结果：在再认测验中发现，被试对于学过范例的再认要高于对未学过的相关范例的错误再认，但正确和错误再认均随着学习过程中同一类别范例数量的增加而增加。

（3）**误导信息干扰范式**

误导信息干扰范式是在实验室中对**事件的错误记忆**进行研究的方法。该范式的一般程序为：先让被试观看关于某事件的录像或幻灯片，然后向其提供含有误导信息的关于该事件的描述或问题。在一段时间间隔后，要求被试根据记忆回答一些问题，最后对被试回答的准确性和自信水平进行分析。结果表明，接受了误导信息组的被试对事件信息的记忆要比未接受误导信息的被试的记忆差。

（4）**KK 范式**   » TIPS ㉓

KK 范式因卡辛、基舍尔的研究而得名（KK 即他们姓氏的缩写）。他们在实验中考察了社会依从在对特定事件错误记忆产生过程中的作用。

①实验过程：让被试将他们听到的单词在计算机上打出来，但同时告诉他们不要按键盘上的 ALT 键，因为这样做会导致发生错误。实验进行一段时间后，计算机发出爆炸声（这是实验设计中的一部分）。这时实验者故意沮丧地告诉被试，是因为他们按了 ALT

TIPS ㉒ 类别联想范式的研究表明，无论是文字形式还是图片形式的学习，当被试在学习过程中看到一个类别的多个范例后，其都可以错误地再认出未呈现过的类别范例。

TIPS ㉓ 误导信息干扰范式揭示了误导信息可以改变人们对观察到的事件的记忆，而 KK 范式则揭示了误导信息同样可以改变人们对自己行为的记忆。

键而导致数据全部被破坏，并且对于一半的被试，告诉他们在程序出问题之前，有人看到他们按了 ALT 键。

②实验结果：当被试被指责说有人看到他们按了 ALT 键时，他们更可能承认自己的确做了这件事，而且感到很内疚，并能虚构出该事件的细节来，也就是说导致了对刚发生事件的错误记忆。

（5）无意识知觉范式　　　　　　　　　　　》 TIPS ㉔

无意识知觉范式是雅各比、怀特豪斯发展起来的。该范式表明，无意识知觉影响了再认记忆的判断。

TIPS ㉔

无意识知觉范式也叫错误再认范式，在本章第三节中已进行了介绍，此处不再赘述。

知识点 8　定向遗忘实验 ★

1. 定向遗忘的含义

定向遗忘也称有意遗忘，指**遗忘的有意性和指向性**，它是一种有效控制意识内容的方法。

定向遗忘的关键在于实验材料呈现完毕后，向被试给出指导语，**要求其记住一些材料而忘记其他材料**。如果确实存在定向遗忘现象，那么与要求被试只回忆指定记忆的项目时，只有非常少的指定遗忘的项目掺杂进来；当要求被试回忆所有项目时，指定遗忘的项目被回忆出的可能性将低于指定记忆的项目。

2. 定向遗忘的研究范式

Bjork 于 1972 年提出了定向遗忘的研究范式，包括字表方式、单字方式两种。

（1）**字表方式**

将一组学习材料分为前、后两部分，并将两部分材料分别呈现给被试。有两种实验条件。

① R（remember）条件：让被试对前半部分和后半部分材料（记忆项）都进行记忆。

② F（forget）条件：让被试对前半部分材料进行遗忘，而对后半部分材料进行记忆。

呈现完毕后，让被试按照要求对所有项目进行自由回忆。

（2）**单字方式**

先给被试呈现一个项目，被试按照实验任务要求对这一项目进行编码加工，间隔一定时间之后出现指导语，告诉被试这个项目是需要记住的（R 条件），还是需要遗忘的（F 条件）。一定间隔之后，给被试呈现下一个项目。

这两种研究的结果都发现，对于同一个被试来说，相对于那些要求记忆的材料，被试对那些要求遗忘的材料有较差的回忆效果，表现出**定向遗忘效应**。

3. 定向遗忘的原因解释

① Bjork 提出了选择性复述两阶段模型用以解释定向遗忘效应。该效应的发生存在两个阶段。

第一阶段为编码阶段，主要是指在项目呈现之后记忆线索呈现之前，启动对项目的编码，使项目被保存在初级记忆。

记忆线索呈现之后为第二阶段，记忆线索引发了对记忆项目和遗忘项目的辨别性加工，即对记忆项目进一步精细化加工并进行复述，而对遗忘项目停止复述。

②提取抑制模型则认为是否能够出现有意遗忘主要与认知抑制能力发展有关。抑制过程发生在提取阶段，虽然项目已经成功编码进长时记忆，但信息的提取受到抑制，进而导致个体的记忆成绩受损。

③选择性复述两阶段模型更适合于单字方式，提取抑制模型更适合于字表方式。

知识点 9 提取诱发遗忘实验 ★

1. 提取诱发遗忘的含义

提取诱发遗忘是指回忆部分记忆材料时，往往会使得相关记忆材料的回忆量减少。

安德森等人首先提出了"提取诱发遗忘"的概念以标识这一现象，并建立了此后被研究者广泛采用的研究范式。

2. 提取诱发遗忘实验的 4 个阶段

提取诱发遗忘范式分为 4 个阶段。

①**学习阶段**：安排被试学习若干词对，并将其以"类别名称–样例"的形式呈现。

②**提取练习阶段**：从全部类别中选择出一半，再从这些类别所组成的"类别名称–样例"词对中各选出一半，将其用作线索提取。形式仍然是向被试呈现词对，但其中的样例单词只给出前面的两个字母，要求被试根据这些线索，回忆出完整的样例单词。依据这种设置，刺激可分为 3 种。
>> TIPS ㉕

a. 做过提取练习的词对（Rp+）。
b. 与 Rp+ 属于相同类别，但样例未做过提取练习的词对（Rp-）。
c. 类别与样例都没有做过提取的词对（Nrp，又称基线水平）。

③**干扰阶段**：要求被试完成一些与实验内容无关的任务，如对一个随机数字进行减法运算等。

④**回忆阶段**：给出全部类别名称，让被试回忆出在学习阶段见到的所有样例单词。

实验结果是 Rp+ 条件下的正确回忆率显著高于基线水平，而

例如，在学习阶段，呈现"fruit"和"furniture"两类词对。在提取练习阶段，用"fruit"类中一半的词对来做提取练习。如向被试呈现"fruit–ap＿＿＿"，要求其回忆出完整的样例单词（正确答案是 apple）。其中，"fruit–apple"就属于 Rp+，"fruit–pear"属于 Rp-，所有"furniture"类单词都属于 Nrp。

Rp-条件下的正确回忆率显著低于基线水平。这说明，定向遗忘效应反映着项目间提取强度的竞争，也反映着主动抑制过程。当某一线索同时激活不同项目时，为了成功提供Rp+，会抑制Rp-。

> **本节小结**
>
> 记忆是实验心理学中研究最多的领域之一。艾宾浩斯和巴特莱特在实验法创立的早期就对记忆进行了开创性的研究，为后来的记忆研究奠定了基础。最初，研究者探讨了感觉记忆、短时记忆和长时记忆三大记忆系统。随着后来理论和手段的进步，工作记忆、内隐记忆、前瞻记忆、错误记忆等类型都被逐渐纳入到实验研究的体系中来。

第六节　思维实验

知识点 1　概念形成与人工概念实验 ★

1. 概念形成

个体掌握一类事物本质属性的过程就是概念的形成。

在实验条件下，研究者常常模拟自然概念创造出人工概念，通过个体掌握人工概念的过程来研究概念形成的规律。　>> TIPS ①

2. 人工概念实验

布鲁纳以人工概念为实验材料，进行了一项经典的实验。

（1）实验材料（如图5-24所示）：图形卡片在4个维度上变化——形状、颜色、数目和边框，每个维度3个水平（81张卡片）。

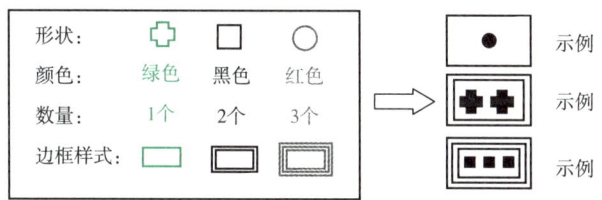

图 5-24　人工概念实验材料

（2）实验过程：事先规定人工概念的特有属性，如绿色方形；实验中，取出一张肯定实例，并告诉被试这是肯定实例；要求被试从卡片中选择属于这个概念的其他实例，主试给予反馈，直到被试形成概念。　>> TIPS ②

（3）实验结果：被试所做的选择不是任意的，而是有一定顺序的，被试按照一定的策略进行选择。

（4）实验结论：布鲁纳发现，被试会采用4种策略。
①同时性扫描：同时形成多个假设进行检验。
②继时性扫描：一次检验一个假设。

TIPS ①

关于概念形成的过程，考生可以结合普通心理学进行学习，这里重点了解布鲁纳人工概念的实验。人工概念是指在实验室条件下人为制作的一些概念。

TIPS ②

实验开始前，研究者事先规定某个维度的某一属性或几个维度的属性为某个人工概念的特有属性，这些维度和属性被称为有关维度和有关属性，而其他维度和属性被称为无关维度和无关属性；具有所规定的全部有关属性的卡片就是人工概念的肯定实例，否则就是否定实例。

③保守性聚焦：每次选取一张与焦点只有一个属性不同的卡片。
④冒险性聚焦：一次改变多个属性。

知识点 2　推理与启发性策略实验 ★

1. 推理

推理是从已知的或假设的事实中引出结论，是一种特殊的问题解决方法。

推理分为归纳推理和演绎推理。归纳推理是从特定事件到一般情况的推理过程，它的关键特征是归纳出来的结论不一定是真实的；演绎推理是从一般性前提得出个别结论的过程，能够确信其假设和结论的真实性。

2. 启发性策略实验

启发式策略是指人们在推理任务中往往采用一些推理规则，这些规则不一定遵循标准逻辑规范，但在生活情景中也能帮助人们做出快速的、基本有效的推断，卡内基和特弗斯基总结了3种重要的启发式策略。

（1）代表性启发法实验　　　　　　　　　　》TIPS ③

①实验材料：某个人的特征描述为"杰克是45岁的男性，已婚并有4个孩子；他一般显得保守、谨慎、有事业心；对政治和社会问题不感兴趣，绝大部分时间都花在家庭木工、驾驶帆船和数学游戏上"。（这一介绍极像工程师。）

②实验过程：给被试介绍某个人的特征，并说明这个人是从100人中随机抽取出来的。告知第一组被试这100人中有70人是工程师，30人是律师，而告诉第二组被试这100人中有70人是律师，30人是工程师。要求被试判定所介绍的那个人是工程师（或律师）的概率有多大。

③实验结果：两组被试都判定该人为工程师的概率约为0.90。

④实验结论：被试只是依据介绍人物特征的代表性来进行判断，而没有考虑事件的基准率信息。

（2）可得性启发法实验　　　　　　　　　　》TIPS ④

①实验过程：问人们字母K是常出现在单词的第一个位置还是第三个位置。

②实验结果：人们通常回答第一个位置，而实际上字母K出现在第三个位置的数量是第一个位置的3倍。

③实验结论：人们之所以认为字母K常出现于英文字的开头，是因为容易回忆出以K字母开头的单词，而不容易回忆出K出现在第三个字母的单词。

> **TIPS ③**
> 代表性启发法是指人们倾向于根据样本是否代表总体来判断其出现的概率，越有代表性的，被判断为越常出现的。在这个实验中，被试仅根据人物特征的代表性来判断，忽略了工程师在两组中所占的不同比例。

> **TIPS ④**
> 可得性启发法是指人们倾向于根据一个客体或事件在知觉或记忆中的可得性程度来评估其相对频率，容易知觉到的或回想起的常被判定为更可能出现的。可得性启发法是一种心理捷径，人在决策时，之所以走这些心理捷径，是因为它们常常使正在解决的问题变得简单。

（3）调整启发法实验 » TIPS ⑤

①实验过程：问被试以下问题中的 1 个，并让被试在 5 s 内回答出来。

问题一：8×7×6×5×4×3×2×1= ?

问题二：1×2×3×4×5×6×7×8= ?

②实验结果：第一个问题的答案的中数为 2 250，第二个问题的答案的中数为 512；二者的差别很大，并都远远小于正确答案；实际答案为 40 320。

③实验结论：在被试对问题进行了最初的几步运算以后，最初几步运算的结果产生了锚定效应，被试仅以获得的初步结果为参照来调节对整个乘积的估计。

TIPS ⑤

为了快速获得答案，被试会对最初的几步乘法进行心算，然后推测结果；又由于第一个算式最初几步心算的结果大于第二个算式最初几步心算的结果，因而被试对第一算式结果的估计要大于对第二个算式的结果估计。

知识点 3　决策的前景理论及其实验 ★

卡内曼和特夫斯基做了一系列的实验研究发现，人们做决策时并非如期望效用理论所描述得那么理性，而是与期望效用理论的预期存在偏离，而且这些偏离都是系统的、有规律的。

因此，卡内曼和特夫斯基提出"有限理性"决策理论——前景理论，对这些系统偏离进行解释。

1. 回避损失实验 » TIPS ⑥

（1）实验过程

由于受到市场化的威胁，某公司的领导遇到了一个两难问题。他必须采取一些行动，否则公司的 3 个制造厂就得倒闭，所有的 6 000 名雇员将失业

实验 1：有如下两个选择方案。

方案 1：执行该方案的话可以保存一个制造厂，保留 2 000 名雇员。

方案 2：执行该方案的话有 1/3 的概率可以保留 3 个制造厂和 6 000 名雇员，但是 2/3 的概率是 3 个制造厂都倒闭，6 000 名雇员全部失业。

实验 2：有如下两个选择方案。

方案 1：执行该方案的话必定损失 2 个制造厂，损失 4 000 名雇员。

方案 2：执行该方案的话 2/3 的概率是损失 3 个制造厂和 6 000 名雇员，但仍有 1/3 的概率没有任何制造厂倒闭，也没有雇员失业。

（2）实验结果

实验 1 中，大部分被试选择了方案 1；实验 2 中，大部分被试选择了方案 2。

TIPS ⑥

回避损失（又称损失厌恶），即损失造成的消极情绪冲击要大于等量收益造成的积极情绪冲击。在两次实验结果中，被试均显示了被试回避损失的倾向；在实验 1 中，方案 2 的损失量更多，而在实验 2 中，方案 1 的损失量更多。

(3)实验结论

被试表现出回避损失的倾向。当收益逐渐增加时,价值却增加得较少,而当损失逐渐增加时,价值却减少得很多。

2. 参照效应实验 >> TIPS ⑦

(1)实验过程

问题1:假设你现在已经有1 000美元,除了你所拥有的之外,你还可以在下面两项中选择一项。

方案1:一定可以得到500美元。

方案2:50%可能获得1 000美元,50%可能一无所有。

问题2:假设你现在已经有2 000美元,除了你所拥有的之外,你还可以在下面两项中选择一项。

方案1:一定可以得到500美元。

方案2:50%可能获得1 000美元,50%可能一无所有。

(2)实验结果

问题1中,84%的被试选择方案1;问题2中,69%的被试选择方案2。

(3)实验结论

人们一般依据某一参照点来定义价值,而非依据纯价值进行决策。

3. 捐赠效应实验 >> TIPS ⑧

(1)实验过程

给第一组被试每人一个杯子;第二组被试什么都不给;第三组被试可以选择杯子或等量的钱。

(2)实验结果

第一组被试期望以不低于7.2美元的价格卖出杯子;第二组被试则期望以2.87美元的价格得到杯子;第三组被试对杯子的估价是3.12美元。

(3)实验结论

对于获得本不属于自己财产的东西,人们倾向于给予高的评价。

本节小结

思维的研究内容极其丰富,从概念形成到推理再到决策都属于思维研究的范畴。布鲁纳、古德诺和奥斯丁提出了假设检验说,描述了概念形成的过程,这一理论的提出激发了大量研究者对概念形成的研究,最典型的实验是布鲁纳的人工概念实验。后来的思维研究开始涉及认知机制方面,如对有限理性和启发式策略进行探讨,研究者们对比开展了一系列精彩的实验。

TIPS ⑦

参照效应是指人们一般依据某一参照点来定义价值,而不是依据纯价值进行决策。也就是说,如果相对于某个参照点行为结果确定是损失时,人们会选择冒险行为;如果相对于某个参照点行为结果是受益时,人们会选择保守行为来规避风险。在实验中,因为被试的参照点不同,决策结果完全不同,已有1 000美元的被试较为保守,而已有2 000美元的被试较为冒险。

TIPS ⑧

第一组被试拥有杯子,他们必须在保留杯子或者放弃杯子换钱中选择;第二组被试需要在获得杯子或获得金钱中选择,由于二者的参照点不同,双方对情境的表征出现差异:前者将失去杯子评估为损失,后者将得到杯子评估为受益,由于人们存在损失厌恶,因此第一组被试对杯子估价明显高于第二组。这种获得了本来不属于自己的东西,由于不想放弃,所以对此物品估价很高的现象被称为捐赠效应,也称禀赋效应。

第七节 情绪实验

知识点 1　情绪的神经生理指标测量 ★　　≫ TIPS ①

由于自主神经系统的活动，当有机体处于某种情绪状态时，其内部会发生一系列的生理变化，测量这些变化的指标就是生理指标。情绪的生理指标很多，如**皮肤电、循环系统、呼吸、语图分析、脑电波**（Electroencephalogram，EEG）、**生化指标**等。

（1）皮肤电

皮肤电反应是较早应用的生理指标，即当呈现光和声刺激时，皮肤表面的电阻降低，电流增加。这种生理反应主要与觉醒水平、温度、活动3种因素有关。

（2）循环系统

自主神经系统不仅控制着皮肤电反应，而且也控制着循环系统的活动。循环系统经常用到的指标是脉搏、血管容积和血压。

（3）呼吸

在情绪状态时，呼吸系统的活动在速度和深度上会有所改变。测量呼吸的方法一般有3种：吸气呼气比率法、吸气相对时间表示法、次数法。

（4）语图分析

语图分析是借助于语图仪中的声音应激分析器来实现的。声音应激分析器可以测量出人耳不能直接听到的语音的某些变化，可用于**测谎**。

（5）脑电波　　≫ TIPS ②

情绪发生变化时，外周和中枢神经系统也会发生相应变化，因此监测大脑活动也是情绪测量的手段之一。脑电波测量是指利用脑电技术测出在一定情绪状态下大脑不同部位电位差的变化。常见的脑电波有 α 波、β 波和 δ 波等，它同情绪状态有极为密切的联系。脑电波型主要与频率有关。

（6）生化指标

当人处于不同情绪状态下时，其生化系统、中枢神经介质的变化也各不相同。因此，神经化学物质的分泌量或排出量的变化可作为情绪研究的客观指标，即生化指标。

综上，情绪状态的变化直接伴随着某些生理状态的变化，因而这些生理指标能够反映人所处的情绪状态。但情绪生理指标也面临诸多问题，最关键的是情绪和某一生理指标间并不是一一对应的关系。因此，研究者不能仅仅依靠多个或单个生理指标就对人的情绪状态做出判定。

TIPS ①

在科技高速发展的今天，心理学的测量手段已经越来越先进，也有部分研究者会采用脑磁图（Magnetoencephalography，MEG）、功能性磁共振成像（Functional Magnetic Resonance Imaging，fMRI）技术来测量情绪。但因为这两种仪器造价昂贵，这里不作为主要的测量方法进行介绍。

本章第八节将对脑电技术予以详细介绍，这里就不赘述了。

知识点 2　面部表情的测量 ★

1. 表情研究的理论依据

表情是情绪的行为指标，其中最有特色的是面部表情。我国心理学家孟昭兰将表情研究的理论归纳为如下 3 点。

①表情既是情绪的外部表现，也是情绪体验的发生机制。这就从机制上说明了以面部肌肉运动模式作为情绪标志的根据。

②面部表情具有全人类共同性，不经学习就可作为有效的信息在人们之间交流。

③新生婴儿具有不经学习就能显露基本情绪的面部表情模式。

2. 早期测量工具

（1）直线量表（武德沃斯）

面部表情的直线量表是通过 100 名被试判断 86 张照片的结果编制的一个表情的单维直线量表。采用这个量表对面部表情的分类可以对不同的表情所代表的情绪进行初步的辨别和分类。

（2）圆形量表（施洛斯贝格）

圆形量表包括两个轴：**愉快 – 不愉快、注意 – 厌弃**。每个轴有 9 个梯级，每个梯级从低到高表示愉快或注意的程度。有了圆形量表的坐标轴，就可以利用它来决定某一表情照片在圆面上的方位。

（3）三维模式图（施洛斯贝格）

三维模式图包括面部表情的 3 个维度：**愉快 – 不愉快、注意 – 拒绝、睡眠 – 紧张**。它是在圆形量表的基础上增加了一个睡眠 – 紧张维度。

因此，表情的早期测量可以概括为：让未经训练的被试对情绪的面部表情进行整体评价，根据他们的评价数据编制量表。虽然这种方法的测量对象从情绪的主观体验变成了行为指标，但其本质仍是依靠主观评价制订量表，**带有主观性**。

3. 现代测量技术

现代表情测量的研究者提出，表情测量的对象应指向面孔各部位的肌肉运动，而不是面部所给予观察者的情绪信息。在此背景下，出现了大量关于面部表情和面部动作编码系统的研究，应用较广、较有代表性的系统有艾克曼等人的面部动作编码系统（FACS）、伊扎德等人的最大限度辨别面部肌肉运动编码系统（MAX）和表情辨别整体判断系统（AFFEX）。

（1）面部动作编码系统

FACS 是艾克曼等人在总结过去对面部表情评定工作的基础上制订出的一个尽最大可能区分面部运动的综合系统，在制订过程中详细地研究了面部肌肉运动与面容变化的关系。但它利用解剖学原理对面部各部位进行的测量还不是对情绪的测量。

（2）最大限度辨别面部肌肉运动编码系统

MAX 是为保证客观性和准确性而存在的微观分析系统。它以面部肌肉运动为单位，是用以测量区域性面部肌肉运动的精确图式。MAX 将人的面部划分为额－眉－鼻根区、眼－鼻－颊区和口－唇－下巴区 3 部分，并包括 29 个相对独立的面容变化的运动单位，这些单位分别被编上了号码。通过对 3 个部分面容变化的评分及综合信息，MAX 可以辨别出多种基本情绪。

（3）表情辨别整体判断系统

AFFEX 是保证有效性的客观分析系统，提供关于面部表情模式的总体概貌。它以 MAX 为基础，组合面部运动，从整体上描述基本情绪。

4. 早期测量技术与现代测量技术的对比

与早期测量工具相比，现代测量技术具有 4 个优点。

①所测量的是面部肌肉运动本身，而不是面部所给予观察者的信息。

②严格遵循神经解剖学原则，均以面部肌肉的神经解剖学特点和肌肉活动所造成的面容变化作为测量的基础和目标。

③较准确而客观，便于使用。

④将表情的反应时和持续时间引进表情测量，能够测量面部表情的动态过程。

知识点 3　情绪的主观体验测量 ★

主观体验测量一般要求被试直接报告自己的体验，其测量方法是用标准化的量表来测量被试的情绪体验。它使用起来十分简便，无须专门的分析技术，也无须采用复杂的仪器设备，在教育、临床诊断等领域已得到了广泛的应用。但这种方法难以避免主观掩饰等效应的影响。

1. 自我报告

自我报告即被试对自我情绪感受的描述，只要求被试描述他们当前的、过去的或常见的情绪。自我报告存在以下局限性。

①每个人的标准不相同，所以自我报告不可能精确。

②不能用于婴儿、脑损伤人群、动物和其他不能说话者。

③用于不同语言人群时，翻译有时不准确。

2. 形容词检表

形容词检表是先选用一系列描述情绪的形容词，然后把这些形容词列为检表，被试通过内省，从检表中选出符合自身当时情绪状态的词汇，如心境形容词检表、情绪－心境测查量表（普拉切克）。这种方法通常用于测量某一特定情景下的主观情绪体验，可以说是一种静态技术。

3. 维度等级量表和分化情绪量表

有些理论家将情绪看成一种多维度的心理连续量（如愉快－不愉快）。伊扎德编制了两个量表：一个是测量各情绪维量的维量等级量表；另一个是测量各情绪成分的分化情绪量表。

（1）维度等级量表

维量等级量表是一个包括愉快度、紧张度、冲动度和确信度4个维度的四维量表。它实际上包括情绪体验、认知和行为3个分量表，每个分量表都由4个维度量表组成。使用者对12个维度量表分别进行5级计分。

（2）分化情绪量表

分化情绪量表用于测量特定情绪情境下个体情绪中的分化成分。它包括10种基本情绪（每种情绪有3个形容词），共有30个形容词，对形容词进行5级计分，从而获得个体的情绪情感状态的数量化指标。

分化情绪量表被用来测量两项内容：情绪强度和情绪出现频率。

维度等级量表和分化情绪量表可同时使用。

除了上述量表外，研究者近年又发展了一些实用的情绪量表，如心理健康临床症状测验量表（SCL-90）、抑郁测验量表、各种焦虑评价量表等。

知识点 4　情绪实验的常用范式 ★★

情绪测量只解决了如何度量情绪内容和强度的问题，至于如何依靠外在行为理解内部情绪、如何在实验室中引发特定情绪的问题则必须依赖情绪实验的常用范式。

1. 刺激－反应法　　 TIPS ③

刺激－反应法认为，情绪是联系刺激和反应间的中间环节，可通过刺激和反应间的联结来推测内部情绪。

小阿尔伯特恐惧习得实验便是使用这一方法的典范。更加系统、典型的刺激－反应法的研究范例主要包括条件性情绪技术和双跑道程序。

（1）条件性情绪技术

①含义：运用条件反射来研究情绪的一种技术，根据条件化的结果来推断内部情绪。

TIPS ③

刺激－反应法只适用于通过刺激和反应的联系来推断内部情绪，难以探讨情绪和其他心理变量间的共变关系。

②逻辑：将条件反射程序加载在一个正在进行的操作行为上，使条件反射对正在进行的操作行为产生影响，并依据操作行为的变化来推测情绪。

③研究范例：在斯金纳箱中，一只饥渴的老鼠为了饮水而按压杠杆。当其反应频率固定时（积极基线），给予一个条件刺激（5分钟的咔嗒声），条件刺激结束时，白鼠接受一个短暂的电击（消极刺激）。

最初条件刺激没有效果，与消极刺激结合后，会引起反应频率的下降。而反应频率的下降被认为是白鼠对咔嗒声的恐惧。

（2）双跑道程序

双跑道程序得名于其发明者采用的实验器材：阿姆塞尔让白鼠经两条跑道跑向目的地，改变其中某条跑道出现奖赏的概率后观察白鼠通过两条跑道的时间，并推断其相应的情绪状态。双跑道程序最初主要用于研究挫折情绪，后来也被推广到其他情绪的研究中。

①挫折

阿姆塞尔认为挫折是有机体在先体验到有奖赏后，又体验到无奖赏时所出现的情绪。

实施过程：训练白鼠经第一条跑道跑到目标箱，获得食物，再经第二条跑道跑到目标箱，获得食物；改变第一个目标箱获得食物的可能性。

实验结果：当第一个目标箱没有食物时，白鼠在第二条跑道上的跑步速度明显较第一个目标箱有食物时快。

实验结论：白鼠跑步速度加快是由于挫折情绪的作用。

②欢快情绪

提高第一个目标箱的奖赏度后，白鼠在第二条跑道上的跑速变慢是由于欢快情绪的作用。

（3）对刺激–反应法的评价

①优点：控制相当严密，刺激和反应之间存在一一对应关系，有助于提高内部情绪推断的正确性，程序内部可操纵变量多，解决了伦理方面的难题。

②不足：主观因素会干扰对实验结果的解释，只可用于研究情绪本身。

2. 情绪诱导法

情绪诱导法是指直接操纵被试的情绪状态，然后记录或观察在积极或消极情绪下，被试的各种心理、行为或生理指标，以探讨情绪状态和这些指标间的关系。

（1）单词诱导法

单词诱导法是使用带有情绪色彩的词来诱导积极或消极情绪的方法。

①自变量：词的属性（愉快感受词、不愉快感受词、无关词）。

②因变量：被试的皮肤电反应。

③结果：与无关刺激相比，愉快和不愉快刺激均能引起皮肤电反应升高，而不愉快刺激引起的皮肤电反应更为明显。

（2）图片诱导法

图片诱导法是使用带有情绪色彩的图片来诱导积极或消极情绪的方法。例如，国际情绪图片库中的图片就可用于情绪诱导。

①自变量：变量一为呈现的图片——男人和女人高兴和生气时的表情图；变量二为图片呈现时间——1000 ms 和 4 ms。

②因变量：被试对紧接着呈现的中文签名的偏好程度。

③结果：情绪诱导图呈现时间短时，诱导效果好；消极诱导组被试对中文签名的评价最低，而积极诱导组被试对中文签名的评价最高。

（3）其他诱导法

还有许多其他的诱导法，如用不同内容的影片、他人对被试的评价、完成某项测试后的成败体验等来诱导出被试的相应情绪的方法。

3. 时间抽样技术

时间抽样技术由布兰德泰特设计，是一种动态的情绪研究方法，它以日记的形式长期跟踪人的情绪变化，故又称为时间抽样日记（Time Sampling Diary，TSD）。时间抽样技术常被用来研究在情绪的动态发展变化过程中，情绪与其他心理变量间的关系。

（1）具体实施程序

要求被试在 30 天中，每天 4 次记录当时的情况和情绪体验，回答规定的 7 个问题，并在此期间进行卡特尔 16PF 测试；4 次记录的时间由计算机随机安排，如果计算机抽取的时间在睡眠时间或被试忘记了记录，都需要做标记。

（2）优点

①适用于现场研究；

②可长期追踪被试的情绪体验，得出稳定的数据；

③可即时报告。

（3）不足

①对于实验者的时间、财力、精力要求高；

②自我报告具有局限性。

> **本节小结**
>
> 人类情绪的复杂性给情绪的测量和实验研究带来了不少困难。目前已经建立了一些较为有效的情绪测量指标，如生理指标、面部表情、主观体验测量等。此外，刺激-反应法有助于根据被试外在的行为理解其内部的情绪，情绪诱导法可以使被试进入特定的情绪状态，时间抽样技术可以研究情绪的动态发展变化过程。通过对这些方法的综合运用，可在一定程度上解决情绪的量化研究问题。

第八节 常用的心理实验技术和仪器

知识点 1 常用的心理实验技术 ★

1. 眼动技术　　» TIPS ①

（1）眼动技术的含义

眼动技术是通过对眼动轨迹的记录，从而提取出诸如注视点、注视时间和次数、眼跳距离、瞳孔大小等数据来研究个体认知加工过程的方法。

（2）眼动技术的原理

眼动技术的基本原理是指特定的眼动轨迹与特定的认知加工过程相联系，个体对刺激的眼动反映着个体对刺激的认知加工。常见指标有基本指标（注视点、扫视、回视、瞳孔直径等）和组合指标（凝视时间、扫描路径）等。

2. 事件相关电位（Event-Related Potential，ERP）技术

（1）ERP 的含义

事件相关电位是指当外加一个特定的刺激，作用于感觉系统或脑的某一部位，在给予刺激或撤销刺激时，以及当某种心理因素出现变化时在脑区所产生的电位变化。

（2）ERP 的原理、提取技术和重要特性　　» TIPS ②

①活的人脑总会不断放电，称为脑电，但脑电成分复杂而不规则。正常的自发脑电一般处于几微伏到 75 微伏之间。而由心理活动所引起的事件相关脑电比自发脑电更弱，一般只有 2~10 μV，通常淹没在自发电位中，所以 ERP 需要从 EEG 中提取。

②ERP 有两个重要特性：潜伏期恒定、波形恒定。可通过同类刺激引发脑电活动的叠加，最后得到特定刺激加工所对应的脑电反应。所以，ERP 也称为平均诱发电位，平均指的是叠加后的平均，这样就可以获得 ERP 波形图。

（3）ERP 技术的优缺点

①优点：

TIPS ①

在基础研究中，眼动仪在阅读、知觉、注意等领域应用广泛；在应用研究中，眼动仪可用于人机交互、广告、体育和军事等领域。

因为自发脑电是随机变化的，有高有低。在多次叠加之后，自发脑电会出现正、负抵消的情况，而 ERP 信号则被保留下来，多次叠加使之信号更加清晰。

a. 时间分辨率极高，精度可达到微秒级；

b. 系统造价较低，使用、维护都较为方便；

c. 完全无创，脑电活动能够直接从头皮表层测得。

②缺点： >> TIPS ③

a. 空间分辨率较低。

b. 只能通过算法来实现脑电的源定位，但各种定位算法的可靠性有待进一步证实。

3. 功能性磁共振成像技术（functional Magnetic Resonance Imaging，fMRI） >> TIPS ④

（1）fMRI 技术的含义

fMRI 技术是采用核磁共振仪来测量生理活动的变化或异常引起的血氧含量变化的技术。通常血氧含量升高，说明流入某一组织或大脑功能区域的血流增加，表示该组织或者功能区活动处于激活状态。

（2）fMRI 技术的工作原理

fMRI 技术的工作原理是：将被试放入一个强大的磁场，测量被试在强磁场中活动时血液中含氧量的变化，以此来确定神经活动的情况。因为有研究表明，这种含氧量的变化与神经活动是密切相关的。

（3）fMRI 技术的优缺点

①优点：

a. 具有无创性，信号直接来自脑组织功能性的变化；

b. 可以同时提供结构像和功能像，脑区定位比较准确。

c. 空间分辨率高。

d. 可以提供大量的成像参数。

②缺点：

a. 时间分辨率低；

b. 实验环境不适于患有幽闭恐惧症的被试；

c. 所用仪器的造价和维护费用高。

4. 脑磁图技术（Magnetoencephalography，MEG）

（1）MEG 技术的含义和工作原理

脑磁图技术的工作原理是：大脑工作时所形成的电流在头颅外表产生感应磁场，脑磁图通过捕捉这些极微弱的磁信号，便可反映大脑内部的神经活动。利用脑磁图，研究者可以从颅外记录神经信号，并且能识别出颅内发出这些信号的部位信息。

（2）MEG 技术的优缺点

①优点：与脑电图相比，脑磁图对神经兴奋源的定位比较直接与准确，且与脑电图的时间分辨率相近。

②缺点：所用仪器的造价很高；只对某些流向的兴奋源敏感。

TIPS ③

脑电记录的导联（电极）数已经发展到 64 导联、128 导联，甚至有 256 导联，所以其空间分辨率现在其实已经得到大大提升。

TIPS ④

在常用的心理实验技术中，考生需要重点掌握的是前三种，即眼动技术、ERP 技术和 fMRI 技术，还要注意对比三者的区别，尤其是 ERP 技术和 fMRI 技术的区别。

5. 正电子发射层扫描（Positron Emission Tomography，PET）技术

（1）PET技术的含义

PET技术可被用来测量大脑的各种活动，包括葡萄糖代谢、耗氧量、血流量等。特别是血流量，已被证实是反映大脑功能变化的一个可靠指标。

（2）PET技术的优缺点

①优点：

a. 对人体基本无伤害，可重复使用；

b. 观察范围不局限于脑的表层，还可用于测查脑的深层部位。

②缺点：

a. 成像时间较长；

b. 时间分辨率低；

c. 受放射性物质剂量的限制；

d. 所用仪器的造价很高。

6. 经颅电刺激（t-ES）技术

（1）经颅电刺激技术的含义

经颅电刺激（t-ES）技术是一种神经调控技术，将微弱的电流通过电极作用于大脑头皮以刺激特定的脑区，调节大脑皮质的神经活动和兴奋性。t-ES主要包括两种形式：经颅直流电刺激（t-DCS）和经颅交流电刺激（t-ACS）。其中经颅直流电刺激的作用机制如下。

①膜极化效应：t-DCS通过改变神经元膜电位，使得神经元更容易或更难被激发。阳极（正极）刺激会增加神经元的兴奋性，而阴极（负极）刺激则会抑制神经元的兴奋性。

②突触可塑性调节：t-DCS可以影响突触的可塑性，即影响突触连接强度的变化。它可能通过长期抑制或增强突触传递来影响神经元之间的通信。

③网络效应：t-DCS可能会引起神经网络的改变，包括调整大脑区域之间的功能连接和同步性。

（3）经颅电刺激技术的优点

①没有侵入性：经颅电刺激是一种非侵入性的技术，通过在头皮上放置电极来传递电流，避免了创伤对大脑的干扰。相比于其他脑刺激技术，如经颅磁刺激（Transcranial Magnetic Stimulation，TMS）和深脑刺激（Deep Brain Stimulation，DBS）技术，经颅电刺激技术更加安全和方便。

②成本相对低：与其他神经调控技术相比，经颅电刺激技术的设备和材料相对较为简单和经济，使其成本较低。这使得经颅电刺

激在科研领域和临床实践中更具可行性和可用性。

③调节性强：经颅电刺激技术的刺激参数（如刺激强度、频率、持续时间等）可以根据个体的需求进行调节和个体化设置。这种灵活性使得经颅电刺激技术可以针对不同的研究目的和治疗需求进行定制。

④具有可逆性：经颅电刺激的效果通常是可逆的，即刺激停止后，大脑功能会恢复到基线水平。这种可逆性使得经颅电刺激成为临床实践中可接受的治疗方式，同时也方便了研究人员对其效果进行验证和探索。

（4）经颅电刺激技术的缺点

①存在个体差异：每个个体对经颅电刺激的反应可能存在差异。刺激效果可能受到个体神经系统的差异、大脑结构的变异以及刺激参数的选择等因素的影响。因此，在应用经颅电刺激时需要考虑到个体差异，进行个体化的刺激设置。

②刺激位置精度不高：经颅电刺激的刺激位置在一定程度上受到头皮和颅骨的限制，无法直接精确刺激到特定的深层脑区。虽然研究人员通过脑成像技术和脑电导模型等来估计刺激位置，但仍存在一定的位置不确定性。

7. 经颅磁刺激（Transcranial Magnetic Stimulation，TMS）技术

（1）经颅磁刺激技术的工作原理

①TMS技术用电容器储存电能然后放电，放电电流脉冲通过贴近头皮的线圈时形成瞬变磁场。

②瞬变磁场在大脑内诱发出感应电流，从而改变该处神经元的兴奋性，起到兴奋或抑制神经元活动的作用，从而暂时抑制该脑区的功能。

（2）经颅磁刺激技术的优点

①TMS技术因为诱发的感应电流时间短，强度弱，因此不会对被试的大脑造成器质上的损伤，是无创的。

②TMS技术具有很高的时间分辨率（毫秒级）和较好的空间分辨率（0.5~1 cm）。

（3）经颅磁刺激技术的缺点

①出于安全的考虑，TMS技术产生的瞬变磁场只能深入皮层1~2 cm，因此无法调控大脑深处的神经回路。

②虽然TMS技术是无创的，但是TMS技术有可能会诱发一些副作用，比如头痛、恶心等。

③TMS技术不能用于有癫痫病史的被试。因此TMS实验需要经验丰富的实验者来进行，并做好潜在危险预案准备。

8. 近红外光学成像（functional Near-Infrared Spectroscopy，fNIRS）技术

（1）fNIRS 技术的基本原理

fNIRS 技术利用特定波长的近红外光与脑组织中脱氧血红蛋白和氧合血红蛋白之间的吸收和散射关系，通过检测被试在执行任务时局部脑血流中脱氧血红蛋白和氧合血红蛋白的浓度变化，来间接测量脑区的神经活动。

（2）fNIRS 技术的优点

①具有无创性。fNIRS 技术对大脑活动的测量是通过附在被试头上的传感器检测近红外光的变化来实现的，因此是无创的。

②fNIRS 技术对头动的容忍度较高，加上设备可以自由移动，对测试环境没有特殊要求。

③fNIRS 技术较好地解决了 PET 和 fMRI 技术在婴幼儿、老人和特殊病人等特定群体研究中存在的问题。

④相对于 PET 和 fMRI 技术，fNIRS 技术的价格相对低廉，适合经费相对短缺的实验室使用。

（3）fNIRS 技术的缺点

①由于近红外光穿透性较弱，因此只适用于对大脑表层神经活动的研究，对大脑深处的神经活动不敏感。

②fNIRS 技术的空间分辨率很低，无法对大脑的神经活动进行精细定位。

常用的实验仪器主要以选择题的形式进行考查，因此，考生只需要简单了解"这个仪器是可以用来测量什么的"即可。

知识点 2 常用的心理实验仪器 ★   >> TIPS ⑤

1. 感觉类仪器

①**听力计**：可测定个体对各种频率的感受性大小，也可确定听力损失情况，由**西肖尔**最早设计。

②**声级计**：可对声音的物理强度进行测量和分析，能对声音做出类似人耳的反应，测量声源。

③**音笼**：研究听觉定位的仪器。

④**长度 / 面积估计器**：用平均差误法测定长度的感觉阈限和进行面积估计的仪器。

⑤**闪光融合频率仪**：测量闪光临界融合频率的仪器。

⑥**明度实验仪**：常用来测量人的明度差别阈限。

⑦**色轮（混色轮）**：用于颜色混合、颜色饱和度和明度实验、视觉螺旋后效实验、闪光融合实验、主观色彩实验等。

⑧**痛觉仪**：测量痛觉绝对感受性和差别感受性的仪器。

⑨**暗适应仪**：测量暗适应和明适应过程的实验仪器。

2. 知觉类仪器

①**深度知觉仪**：主要是作为一种选拔测验的工具，以淘汰那些不符合深度知觉要求的航空候选人员。深度知觉仪根据赫尔姆霍兹三针实验的原理制成。

②**空间知觉测试仪**：可考察空间知觉，也可验证刺激空间结构特点对信息传递效率的影响。

③**时间知觉测试仪**：常用刺激类型分为光刺激和声刺激，时间知觉实验采用复制法，可以区别不同感觉器官对于时间知觉的影响。

④**速度知觉仪**：研究速度知觉的基本仪器可用于遮挡范式下人类对碰撞时间的估计研究。

⑤**大小恒常性测量仪**：用比配法原理测定大小恒常性的仪器，也可以用于制作心理量表。

⑥**立体镜**：证实双眼视差和产生立体知觉的仪器，由**惠斯通**首次发现。

⑦**似动仪**：可以产生似动知觉的实验仪器。

⑧**动景盘**：演示似动现象的常用工具，**普拉提**制造了第一个动景盘。

⑨**棒框仪**：是测量场独立性和场依存性认知风格较常用、完备的仪器。

3. 反应时类仪器

①**简单反应时测定仪**：呈现单一刺激，要求被试做出单一反应的仪器。

②**选择反应时测定仪**：呈现不同刺激，要求被试做出不同反应的仪器。

③**反应盒**：目前常用的一种用于测量视觉和听觉刺激反应时的装置。

4. 注意类仪器

①**警戒仪**：测定个体警戒状态的仪器，虽然警戒是一种持续性注意，但该仪器用于研究注意的转移特性。

②**注意分配仪**：测量注意分配，可检验同时进行两项工作的能力，还可研究动作、学习进程和疲劳现象。

③**双手调节器**：主要研究注意分配和双手协调技能的仪器。

④**复合器**：研究注意分配的仪器，常用于对不同种类刺激进行注意分配的实验。

5. 记忆类仪器

①**记忆鼓**：最初由缪勒和舒曼设计，后由李普曼改进，适用于提示记忆法、系列学习和成对联想的研究。

②速示器：一种短时呈现视觉刺激的仪器，沃尔克曼最先将这种仪器称为速示器，常用在知觉、记忆和学习等方面的研究。

6. 学习类仪器

①迷宫：研究动物学习的仪器。

②多重选择器：又称耶基斯选择器，通过对被试简单和复杂空间位置的概念形成过程的观察来研究思维。

7. 技能类仪器

①动作稳定器：又称九洞仪，用于测定手的动作稳定程度，也可间接测量情绪波动程度。

②手指灵活性测验仪：测定手指尖、手、手腕、手臂的灵活性及手眼协调能力，常用于职业倾向测验。手指尖灵活性的测定实际上是一个安装螺母的操作。

③镜画仪：主要研究练习效果以及技能迁移作用，可研究被试的反转能力、手眼协调能力和学习能力。

④旋转追踪测验：用于研究连续动作技能。

> **本节小结**
>
> 　　随着科技的发展，目前我们已经可以使用科技的力量直接、无创地观察大脑的神经活动。高时间分辨率的ERP可以将认知过程与某脑电波成分关联起来，从而得知该认知过程发生的时间信息；高空间分辨率的fMRI可以记录完成某一认知过程时的大脑激活状况，从而定位完成该认知过程所必需的大脑脑区和神经环路。眼动技术可以及时准确地记录眼球运动的轨迹，从而帮助研究者推测相关的心理过程。此外，MEG、fNIRS、PET等技术和一些常用的实验仪器，可以为我们更好地探索心理世界助力。

名词总结

音高	音高量表	等高线	响度
响度量表	等响曲线	音色	声音的掩蔽
听觉适应	听觉疲劳	颜料混合	颜色对比
颜色适应	麦考勒效应	直接知觉	间接知觉
无意识知觉	盲视	Stroop效应	
条件性学习实验	认知性学习实验	顿悟学习实验	
全部报告法	部分报告法	"四耳人"实验	
Peterson-Peterson法		回忆法	再认法
再学法	重建法	系列位置曲线	负近因效应
语音相似性效应	词长效应	无关言语效应	双任务范式

干扰范式	随机生成任务	知觉辨认	词干补笔
残词补全	实验性分离	任务分离	过程分离
前瞻记忆	错误记忆	定向遗忘	提取诱发遗忘
自我报告	形容词检表	时间抽样技术	刺激–反应法
情绪诱导法	双耳分听实验	启动效应	正启动效应
负启动效应	返回抑制	刺激反应一致性理论	
眼动技术	ERP 技术	fMRI 技术	

参考文献

[1] 郭秀艳. 实验心理学[M]. 3版. 北京：人民卫生出版社，2019.

[2] 郭秀艳，杨治良. 基础实验心理学[M]. 北京：高等教育出版社，2005.

[3] 朱滢. 实验心理学[M]. 4版. 北京：北京大学出版社，2016.

[4] 朱滢. 实验心理学[M]. 2版. 北京：北京大学出版社，2009.

[5] 张学民. 实验心理学[M]. 3版. 北京：北京师范大学出版社，2011.

[6] 舒华，张学民，韩在柱. 实验心理学的理论、方法与技术[M]. 北京：人民教育出版社，2006.

[7] 舒华. 心理与教育研究中的多因素实验设计[M]. 2版. 北京：北京师范大学出版社，2015.

[8] 杨治良. 实验心理学[M]. 浙江：浙江教育出版社，1998.

[9] 邓铸. 实验心理学[M]. 北京：北京师范大学出版社，2016.

[10] 孟庆茂，常建华. 实验心理学[M]. 北京：北京师范大学出版社，1999.

[11] 白学军. 实验心理学[M]. 北京：中国人民大学出版社，2017.

[12] 周爱保. 实验心理学[M]. 北京：清华大学出版社，2016.

[13] 坎特威茨，罗迪格，埃尔姆斯. 实验心理学[M]. 郭秀艳，等译. 上海：华东师范大学出版社，2010.

[14] 马丁. 如何做心理学实验[M]. 丁锦红，等译. 重庆：重庆大学出版社，2011.

[15] 朱滢. 实验心理学[M]. 5版. 北京：北京大学出版社，2022.